뜻밖의 과학사

뜻밖의 과학사

초판 1쇄 발행 2024년 8월 20일

지은이 팀 제임스 / **옮긴이** 김주희

펴낸이 조기흠
총괄 이수동 / **책임편집** 김혜성 / **기획편집** 박의성, 최진, 유지윤, 이지은, 박소현
마케팅 박태규, 홍태형, 임은희, 김예인, 김선영 / **제작** 박성우, 김정우
디자인 리처드파커 이미지웍스

펴낸곳 한빛비즈(주) / **주소** 서울시 서대문구 연희로2길 62 4층
전화 02-325-5506 / **팩스** 02-326-1566
등록 2008년 1월 14일 제 25100-2017-000062호

ISBN 979-11-5784-759-4 03400

이 책에 대한 의견이나 오탈자 및 잘못된 내용은 출판사 홈페이지나 아래 이메일로 알려주십시오.
파본은 구매처에서 교환하실 수 있습니다. 책값은 뒤표지에 표시되어 있습니다.

⌂ hanbitbiz.com ✉ hanbitbiz@hanbit.co.kr facebook.com/hanbitbiz
Ⓝ post.naver.com/hanbit_biz ▶ youtube.com/한빛비즈 ⊙ instagram.com/hanbitbiz

지금 하지 않으면 할 수 없는 일이 있습니다.
책으로 펴내고 싶은 아이디어나 원고를 메일(hanbitbiz@hanbit.co.kr)로 보내주세요.
한빛비즈는 여러분의 소중한 경험과 지식을 기다리고 있습니다.

뜻밖의 과학사

Accidental

팀 제임스 지음 | **김주회** 옮김

'유레카' 아르키메데스부터 상대성이론의 아인슈타인까지
우연과 필연이 만들어낸 매혹적인 과학의 순간들

**과학이 잘못됐다?! 그런데 과학이 발전했다!
난데없이 세상을 바꿔버린 과학의 발견들**

저자 특별 영상

HB 한빛비즈
Hanbit Biz, Inc.

기담을 좋아하는
세이시 시미즈Seishi Shimizu에게 이 책을 바친다.

2장 불운과 실패

3장 놀라움

4장 유레카

부록

기적의 가장 놀라운 점은 기적이 일어난다는 사실이다.

G. K. 체스터턴 G. K. Chesterton

이렇게 될 줄 몰랐다

과학은 고통스러울 만큼 느리다. 과학은 모든 사실을 세 번씩 검증하며 10년당 1인치 속도로 발전하는 까닭에, 가설이 확증되거나 반증되는 무렵이면 기존에 가설을 제안했던 사람은 은퇴하거나 사망한 경우가 많다. 이처럼 절망스럽고 지루한 작업은 무의미해 보일 수도 있지만, 사실의 신뢰성을 확보하는 최선의 방법이라는 측면에서 완전히 의도된 절차다.

물론 영화 속 상황은 다르다. 할리우드 과학자는 막다른 골목에 몰렸을 때 영감을 받거나, 위험한 도박에서 승리하거나, 때로는 예기치 못한 사고에 휘말리며 극적으로 돌파구를 마련한다.

거의 모든 영웅은 우연히 능력을 얻는다. 방사능 거미에게 물리거나, 전기뱀장어가 담긴 수조에 빠지거나, 입자가속기에 들어간다.* 영화에 따르면 실험실 사고는 늘 일어나며 언제나 유용하다. 여기에 참으로 놀라운 사실이 있다. 영화는 거짓말을 하지 않는다는 점이다. 때때로, 실은 아주 가끔 과학은 정말 그런 식으로 작동한다.

과학은 산산조각이 난 예측과 실패한 실험으로 점철된 고된 과정으로 여겨진다. 하지만 운명의 달은 이따금 우리가 예상도 의도도 하지 않은 승리의 길로 서서히 우리를 인도한다.

우리 종족이 얼마나 운이 좋았는지를 생각하면 진정 무섭다. 앞으로 살펴보겠지만, 생명을 구하는 소중한 발명품과 우주에서 발견한 심오한 사실들 일부는 어딘가에서 무언가가 잘못된 덕분에 겨우 우리 손에 들어왔다.

하지만 이러한 뜻밖의 운 좋은 발견이 과학을 흥미진진하게 만든다. 우리는 언제 세상이 변화하고 어디서 획기적인 아이디어가 도출될지 예측할 수 없다. 때로는 올바른 시점의 적절한 장소가 아니라, 잘못된 시점의 그릇된 장소에서 혁명이 시작된다.

무엇이 '우연'일까?

'우연'을 주제로 책을 쓰다 보면, 진정 '우연'이 무엇을 의미하는

● 이는 실제로 1978년 아나톨리 부고스키Anatoli Bugorski라는 남성에게 일어난 사건이다. 그는 입자가 속기에 몸을 기대고 있다가 눈에 양성자빔을 맞았다. 안타깝게도 초능력은 생기지 않았다. 그 대신 몸의 왼편이 마비되고 수년 동안 발작을 겪었다(그런데도 박사과정을 마쳤다).

지 고찰하게 되며 때때로 사전이 얼마나 쓸모없는지 깨닫는다. 우연한 발견이란 정확히 무엇일까?

어떤 의미에서는 모든 발견이 우연인데, 사람은 발견의 순간을 의도적으로 일으킬 수 없기 때문이다. 우리는 어느 날 자리에 앉아 '오늘 오후에는 무언가를 발견하기로 했어'라고 생각하지 않는다. 과학적 깨달음은 우연히 찾아오고, 깨달음을 얻는 순간까지는 그 일이 돌파구가 되리라고 아무도 예상하지 못한다.

이 이야기는 과학자들이 운에 맹목적으로 의존하며 우왕좌왕한다는 의미가 아니다. 기념비적 발견으로 이어지는 모든 단계는 자신이 올바른 길로 가고 있는지 확신하지 못하는 누군가가 성취한 결과다. 과학자는 그저 희망을 품고 나아갈 수밖에 없다.

우리가 과학적 사실에 의도적으로 도달할 수 없다면, 알려진 과학적 사실은 전부 우연의 결과일까? 음…… 거의 그런 셈이다.

나는 문자 그대로 인간의 모든 지식을 책에 수록하는 일은 피하고자, 기준을 좀 더 명료하게 정의하기로 했다. 다음은 내가 정한 네 가지 범주다.

1장 서투름

가장 순수한 형태의 우연한 발견은 진정 신체적 또는 지적 서투름에서 나온다. 1장에서는 심각한 실수를 저지르고도 끝내 위대한 업적을 남긴 과학자들을 조명한다.

2장 불운과 실패

실수는 간혹 누군가의 잘못이 아니라 지독한 불운에서 비롯한다. 2장에서는 모든 것이 잘못되었거나 실험에서 기대한 결과가 도출되지 않았는데도 괜찮은 결말에 다다른 사례를 살펴본다.

3장 놀라움

아주 가끔 과학은 올바르게 수행되고 실험은 실패로 돌아가지 않는다. 그런데 모든 상황이 순조롭게 흘러갔지만 예상치 못한 결과가 나올 때도 있다. 3장에서는 우연한 발견이 애초에 찾으려 한 것보다 훨씬 중요한 사실로 밝혀진 경우를 짚어본다.

4장 유레카

유레카의 순간은 극히 드물다. 사람들 머릿속에 혁신적인 아이디어가 불현듯 떠오르는 일은 좀처럼 없기 때문이다. 나는 진정한 '유레카의 순간'을 다음과 같이 정의했다. 사소하고 하찮아 보이는 관찰이나 의견에서 중대한 돌파구를 마련한 순간.

1장

서투름

여러분이 자신의 문제에 책임이 있는 사람을 걷어찬다면, 여러분은
한 달간 앉아 있지도 못할 것이다.

시어도어 루스벨트 Theodore Roosevelt

내 책상 위의 산을 본다면, 여러분은 놀라지 않을 수 없을 것이다!

알베르트 아인슈타인 Albert Einstein

이뿔싸!

호머 심프슨 Homer Simpson

쾅!

과학이 일으키는 재난을 언급한 가장 오래된 문헌은 9세기 초 고대 중국 당나라에서 유래한다. 이 문헌에는 아무 자극 없이 폭발할 수 있어 위험한 세 가지 분말 혼합물을 경고하는 내용이 담겼다.

당나라 문헌은 분말 혼합물이 건물을 무너뜨리거나 남자의 수염을 태워 없애는 까닭에 함부로 사용해서는 안 된다고 경고했지만,[1] 얼마 지나지 않아 사람들은 언급된 혼합물을 이용해 주로 폭죽과 수류탄을 만들기 시작했다.

고대에 집필된 이 도교 문헌이 어느 물질을 설명하는지는 확신할 수 없으나, 세 가지 분말에 해당할 만한 물질은 그리 많지 않다. 화학에서 세 가지 물질이 동시에 관여하는 반응은 드물고, 심지어 그러한 반응이 폭발로 이어지는 사례는 거의 없기 때문이다. 따라서 언급한 도교 문헌이 화약을 기술한 최초의 기록이라는 가정은 합리적이다.

전설에 따르면 도교 승려들은 불로장생의 비약을 찾다가 화약을 만들게 되었다고 한다. 그러나 실제로는 단순히 비료를 만들기 위해 노력했을 가능성이 훨씬 크다. 화약은 숯, 황sulfur, 초석saltpetre(주성분이 질산칼륨인 광물 - 옮긴이) 분말로 이루어진 혼합물이다. 이 가운데 황과 초석은 주요 식물 영양소이므로, 중국의 초기 식물학자는 아마도 작물 수확량을 늘리기 위해 황과 초석을 혼합해 사용하다가 어떤 이유에서인지는 모르겠으나 그 혼합물을 숯과 섞었을 것이다.

이 혼합물을 가열하면 세 가지 분말이 반응하며 분자가 재배열되고 질소와 이산화탄소가 생성된다. 이때 두 기체의 급격한 생성으로 주위 공기가 공간 확보를 위해 옆으로 밀려나면서 강력한 충격파가 발생한다. 즉, 폭발이 일어난다.

불로장생을 꿈꿨든 아니면 그저 건강에 좋은 작물을 얻으려 노력했든 상관없이, 승려들은 마침내 최초의 고성능 폭발물을 발명했다. 이후 화약은 수백 년 동안 발사체 무기에 연료로 쓰였다. 독일 화학자 크리스티안 쇤바인Christian Schonbein이 재앙을 겪으며 화약 제조법을 개선하기 전까지 말이다.

불현듯 발견하다

쉰바인은 앞서 오존을 발견하고 연료 전지를 발명해, 널리 존경받는 탁월한 과학자였다. 하지만 그의 아내는 쉰바인이 집에서 실험하는 것을 달가워하지 않았으며 자택 실험을 금지했다. 1845년 어느 날 오후, 쉰바인은 아내가 외출한 사이 자신만의 공간이 확보되었다고 생각하는 사람이면 누구나 할 만한 일을 했다. 부엌으로 슬그머니 들어가 비밀리에 화학 실험을 한 것이다!

쉰바인이 어떤 실험을 할 계획이었는지는 알려지지 않았다. 실험을 준비하는 동안 커다란 비커 두 개에 각각 담긴 질산과 황산을 탁자에 엎질렀기 때문이다.

위험한 상황(그리고 산성 물질이 닿아 부식된 물건에 관하여 아내에게 설명해야 할 가능성)에 당황한 쉰바인은 아내의 앞치마를 급히 움켜잡고 부식성 혼합액을 가능한 한 빠르게 흡수시켰다. 혼합액 대부분을 닦아낸 뒤에는 젖은 앞치마를 말리기 위해 난로 가까이에 두었다. 그런데 상황은 더욱 나빠졌다. 구체적으로 말하면, 앞치마가 폭발했다.

당시 쉰바인은 무슨 반응이 일어났는지 이해하지 못했지만, 오늘날 우리는 이를 설명할 수 있다. 면Cotton은 주요 성분이 셀룰로오스cellulose라는 고분자로, 질산과 함께 가열해 반응시키면 셀룰로오스 구조에 질산 분자가 결합한다. 이러한 반응이 진행되려면 약간의 황산이 필요하며, 반응 결과 니트로셀룰로오스 nitrocellulose라는 가연성이 매우 높은 직물이 생성된다.

쇤바인은 앞치마를 구성하는 셀룰로오스와 그가 닦아내려고 한 질산을 결합했는데, 두 물질이 반응하도록 돕는 완벽한 촉매인 황산을 우연히 제공한 덕분이었다. 이 앞치마는 약간의 열만 있으면 불이 붙을 수 있는 상태였고, 바로 난로에서 열이 공급되었다. 쇤바인은 아내의 앞치마를 면화약으로 변화시켰다.[2]

화약은 2,000년 동안 널리 활용되었지만 몇 가지 단점이 있었다. 첫째, 화약은 짙은 연기를 뿜어내는 까닭에 대포가 발사되기 시작하면 병사들이 전장에서 시야가 흐려져 방향을 읽을 수 없었다. 둘째, 화약은 폭발하기까지 많은 열이 필요했다. 셋째, 화약은 조금이라도 축축해지면 폭발을 일으키지 않으며 이를 건조하는 유일한 방법은 가열하는 것이다. (유용한 조언: 화약을 가열하는 일은 바람직하지 않다.)

쇤바인이 발견한 면화약은 짙은 연기를 내뿜지 않고, 불이 붙기까지 많은 열이 필요하지 않으며, 축축해져도 성능을 유지했다. 게다가 화약과 비교하면 기체를 5배 많이 발생시켜 폭발력이 5배 더 강했다. 면화약은 화약을 빠르게 대체하며 발사체 무기에 널리 쓰이게 되었다. 그런데 이것이 전부가 아니었다. 니트로셀룰로오스는 인류에게 또 다른 화학적 선물을 안겼다.

산산조각이 나다

1903년 프랑스 화학자 에두아르 베네딕투스Edouard Benedictus는 실험실에서 근무하던 중 선반에서 유리 비커를 떨어뜨렸다. 유리 비커는 바닥으로 떨어졌는데도 산산조각이 나지 않고 온전히 모양을 유지하고 있었다. 베네딕투스는 전날 그 비커를 이용해 니트로셀룰로오스를 합성한 다음 비커를 제대로 닦지 않았음을 깨달았다. 비커 내벽에 니트로셀룰로오스로 이루어진 얇은 막이 들러붙어 있었기 때문이다. 이 필름 형태의 화학 물질은 투명하고 끈적끈적하며 겉보기에 무척 견고해 보였다.

베네딕투스는 처음에는 그 비커를 대수롭지 않게 여겼지만, 몇 년 뒤 자동차 사고에 관한 신문 기사를 읽던 중 비커가 지닌 가치를 알아차렸다. 신문 기사에는 자동차 사고에서 많은 사람이 충격이 아닌 날아온 유리 파편 탓에 다친다고 서술되어 있었다. 베네딕투스는 산산조각이 나지 않는 비커를 기억해 내고 즉시 연구에 돌입했다.

베네딕투스는 발명품을 완성하기 위해 24시간 내내 쉬지 않고 연구한 끝에 마침내 문제 해결책을 찾았다. 끈적끈적한 니트로셀룰로오스 필름을 유리 두 장 사이에 끼워 넣으면, 완벽히 투명한 동시에 충격을 받아도 깨지지 않는 소재가 된다(니트로셀룰로오스 필름이 유리 파편을 제자리에 고정하는 덕분이다).

베네딕투스는 자신의 발명품에 트리플렉스Triplex라는 상표명을 붙여 출시했다. 트리플렉스는 방독 마스크용 보안경에 처음 적용된 이후 자동차 앞 유리, 창문, 텔레비전 전면 유리 등에 쓰이다가 마침내 방탄유리로 활용되었다. 니트로셀룰로오스는 인류에게 효율적인 발사체 무기를 만드는 기술뿐만 아니라 무기로부터 방어하는 기술까지 선사했다.[34]

문제 해결에 나서다

다음으로 니트로셀룰로오스로 만든 거대한 사용법은 1855년 영국 화학자 알렉산더 파크스Alexander Parkes가 발견했다. 파크스는 상업적으로 널리 활용되는 물질인 셸락shellac을 연구하고 있었다.

셸락은 인도에 주로 서식하는 락깍지벌레Indian lac bug의 암컷이 알을 보호하기 위해 나뭇가지에 붙이면서 분비하는 *끈적끈적한 수지*resin이다. 19세기에 셸락은 성형 가공 원료 또는 마감재로 널리 활용되었으나, 파크스는 끈끈한 곤충알 접착제를 대체할 새로운 물질을 찾고자 노력했다. 왜냐하면, 글쎄, 여러분도 곤충 분비물보다는 대체 물질을 쓰고 싶지 않은가?

파크스는 가볍고 단단한 물질을 만든다는 목표로 다양한 천연 고분자를 혼합해 보았다. 그러던 어느 날 저녁 니트로셀룰로오스와 장뇌camphor(녹나무에서 추출한 천연수지 물질로, 왁스처럼 무르다 – 옮긴이)를 섞고 알코올에 녹였다. 파크스는 이 혼합물을 가열하면서 단단한 합성수지가 되기를 바랐지만, 알코올이 증발한 뒤 플라스크 바닥에 남은 생성물은 유연한 고무 덩어리였다. 그가 기대한 물질은 아니었다. 하지만 이때 파크스가 만든 생성물은 역사상 가장 중요한 화학물질로 손꼽힌다. 바로 최초의 합성 플라스틱인 셀룰로이드celluloid였다.[5]

파크스는 이 새롭고 유연한 물질로 돈을 벌지 못했는데, 용도를 찾지 못했기 때문이다. 셀룰로이드를 공 모양 틀에 주입해 당구공을 만들 수는 있었지만, 그 외 다른 용도는 거의 없었다. 이후 30년이 흐르고 나서야, 프랑스 발명가 루이 르 프린스Louis Le Prince가 셀룰로이드로 영화 촬영용 35밀리미터 필름을 만들며 영화 산업이 탄생하게 되었다.

셀룰로이드는 원료인 니트로셀룰로오스만큼 가연성이 높지 않은데, 필름 영사기가 뜨거워진다는 점을 고려하면 다행스럽다. 하지만 셀룰로이드 필름은 시간이 흐를수록 분해되며, 심지어 온도가 높은 실내에서는 자연 발화할 수 있다(이는 수많은 필름 보관원이 발견한 사실이다). 실제 셀룰로이드 화재(쿠엔틴 타란티노Quentin Tarantino가 연출한 영화 〈바스터즈: 거친 녀석들Inglourious Basterds〉의 말미에 등장한다)는 진화가 거의

불가능하다. 셀룰로이드는 연소하는 동안 자체적으로 산소를 생성하여 물속에서도 불을 유지하기 때문이다.[6]

셀룰로이드는 다행히 자발적으로 연소하는 경우가 드물고, 가연성 물질은 대개 점화원이 있어야 불이 붙는다. 그렇다면 애초에 물질에는 어떻게 불이 붙기 시작할까? 이를 알기 위해서는 또 다른 우연한 발명품에 주목해야 한다.

불을 붙이다

1826년 영국 화학자 존 워커John Walker는 새로운 연료원을 찾기 위해 자기 집에서 실험하고 있었다. 그는 고도로 정교한 기술을 바탕으로 실험했는데, 가연성 화학 물질을 한데 섞어 고무처럼 끈적이게 만들고 막대기 끝에 묻힌 다음 난롯불 위에 올려놓은 뒤 무슨 물질이 발화하는지 확인하는 방식이었다.

어느 날 저녁, 워커는 새로운 물질로 실험 중이었다. 그런데 막대기를 옮기던 중 벽난로의 벽돌에 막대기 끝을 문지르자, 갑자기 막대기에 불이 붙었다. 워커가 성냥을 발명한 순간이다.

하지만 워커는 성냥 제조법으로 특허를 내지 않았고, 유럽 전역의 다른 발명가들은 동일한 원리를 기반으로 여러 변형된 제조법 개발에 도전했다. 이들의 성냥 제조 비법은 연료 분자를 아주 빠르게 진동시켜 산소 분자와 반응하도록 유도하는 것이었다. 그러면 연료 분자와 산소 분자는 안정한 생성물로 재배열되는 동안 열을 방출하게 된다.

가장 효과적인 제조법이자 오늘날 성냥 생산에 가장 널리 활용되는 방식은 삼황화린phosphorus sesquisulfide과 염소산칼륨potassium chlorate을 혼합해 사용하는 것이다.

삼황화린은 연료 역할을 하는데, 인과 황 원자가 서로 약한 결합을 이루기 때문이다. 다시 말해, 삼황화린은 기회만 있으면 산소와 결합할 가능성이 크다. 또 다른 화학 물질인 염소산칼륨은 산소 원자 3개를 함유하는 풍부한 산소 공급원이다. 게다가 무척 불안전한 물질이지만 삼황화린과 반대로 산소 원자가 약한 결합을 이룬다. 따라서 염소산칼륨의 산소는 삼황화린의 인과 황에 결합하기를 선호한다.

삼황화린과 염소산칼륨을 함께 두면 반응하지 않곤 못 배기는 불안정한 혼합물이 생성된다. 이 혼합물을 벽난로의 벽돌 또는 성냥갑에 발린 유리 가루 또는 미국의 배우 클린트 이스트우드Clint Eastwood의 얼굴 등 거친 표면에 긁으면, 혼합물 분자들이 에너지를 충분히 얻고 서로 진동시키기 시작하며 산소를 주고받은 끝에 짜잔! 불이 붙는다.

안전성냥은 화학 물질이 분리된 점을 제외하면 언급한 방식과 똑같이 작동한다. 염소산칼륨(산소 공급원)은 안전성냥의 머리에, 삼황화린(산소를 간절히 바라는 물질)은 성냥갑 표면에 포함되어 있다.

존 워커는 비록 의도하지는 않았으나 성냥을 발명했다는 놀라운 업적 덕분에 자신의 고향인 스톡턴온티스Stockton-on-Tees에 동상으로 세워지며 불멸의 존재가 되었다. 1990년 모든 사람이 우러러보던 동상이 다른 존 워커를 모델로 잘못 만들어졌다고 밝혀지기 전까지 말이다. 조각가가 전적으로 우연히 화학자 존 워커와 런던 출신 배우 존 워커를 혼동한 까닭이었다.[7]

원 상태로 돌아오다

찰스 굿이어Charles Goodyear는 1800년 코네티컷에서 태어나 생애 첫 39년을 실패한 사업가로 보냈다. 그의 아버지 애머서 굿이어Amasa Goodyear는 진주 단추를 최초로 제조한 기업가였지만, 찰스는 아버지의 기업가적 재능을 물려받지 못했다. 처음에는 교회와 관련된 직업에 관심을 두다가, 17세에 아버지를 뒤따라 제조업에 뛰어들어 신발과 가구 디자인 특허를 토대로 수많은 사업을 벌였다. 안타깝게도 그가 시도한 일들은 전부 실패로 돌아갔고, 그는 빚 때문에 감옥을 들락날락했다. 하지만 그는 자기 운명뿐만 아니라 세상을 변화시킬 무언가를 발명하려는 목적으로 신이 자신을 선택했다고 확신했다.[8] 찰스의 생각은 옳았다.

1834년 찰스는 뉴욕시에 머물던 중 라텍스latex라는 놀라운 소재를 접했다. 라텍스는 열대 지방에서 흔히 관찰되는 나무에서 끈적끈적한 흰색 액체로 추출된다. 액체 상태의 라텍스를 방치해 건조하면 탄력 있는 덩어리로 굳는데, 영국 화학자 조지프 프리스틀리Joseph Priestley(산소 발견자)는 이 라텍스 덩어리로 공책에 잘못 적은 글씨를 '문질러 지웠다rub out.' 프리스틀리에게 라텍스를 판매한 사람들은 프리스틀리가 글씨를 지울 때 사용한다는 점에서 착안하여 라텍스를 고무rubber라고 불렀고,[9] 라텍스는 고무라는 이름으로 널리 알려지게 되었다.

고무의 탄성과 유연성은 원자의 배열 방식에서 나온다. 모든 원자는 다른 원자와 결합할 때 선호하는 각도가 있고, 그러한 각도는 대부분 원자 자체의 형태로 결정된다. 이를테면 산소는 다른 원자와 104.5도로 결합하는 경향이 있고, 탄소는 109.5도로 결합하기를 선호한다. 이 같은 '이상적인 각도ideal angle'에서 벗어나 결합에 변형이 발생하면, 원자들은 배열을 비틀어 변형을 완화한다.

고무는 원자가 지그재그로 배열된 사슬로 이루어져 있고, 이러한 사슬을 팽팽하게 잡아당기면 원자들은 강제적으로 변형된 선형 구조로 배열된다. 선형 구조는 원자가 선호하는 배열이 아니므로, 잡아당기는 힘이 사라지자마자 원자들은 작은 용수철처럼 순식간에 본래 배열로 되돌아오며 안정해진다. 이러한 특성 덕분에 고무는 강한 탄성을 지닌다.

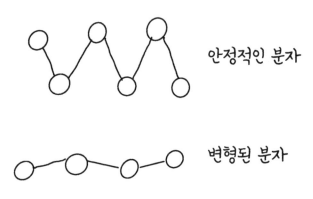

안정적인 분자

변형된 분자

(용수철 이야기를 덧붙이자면, 공학자 리처드 제임스는 선박 안정기ship stabiliser 를 개발하는 과정에 슬린키Slinky를 발명했다. 리처드는 다양한 두께의 강철 용수철을 시험하던 중 시제품 하나를 선반에서 떨어뜨렸다. 용수철은 독특하게 공중 제비를 돌며 책 더미에서 내려와 작업대를 거쳐 바닥에 도착했다. 그의 이웃 어린이들이 '걸어 다니는 용수철'에 열광하자, 제임스는 용수철을 장난감으로 판매하기로 했다. 제임스의 아내는 용수철 장난감을 '슬린키'라고 부르자고 제안했는데, 이 이름이 날렵하고 우아하게 들린다는 이유에서였다.)[10]

찰스 굿이어는 고무가 유연한 고급 소재로 활용될 가능성을 발견했다. 따라서 고무를 이용해 다방면으로 특허를 내고 싶었지만, 그러려면 고무가 온도에 몹시 민감하게 반응한다는 중요한 문제를 해결해야 했다.

고무는 열을 받으면 점점 녹으며 끈적해지는데, 사슬을 이루는 원자 간의 결합이 끊어지기 때문이다. 이러한 현상은 불운하게도 인간 체온에 해당하는 섭씨 약 37도에서도 발생한다. 이와 반대로 고무는 온도가 내려가면 원자들이 제자리에 단단히 고정되고 움직이지 않아 깨지기 쉬워진다. 즉, 고무는 따뜻한 날에는 녹고 추운 날에는 깨진다.

한 신발 제조업체는 신발의 고무가 녹아 20,000달러 손실을 보고 하마터면 파산할 뻔했다고 찰스에게 알렸다. 고무가 녹은 신발은 판매할 수 없을 뿐만 아니라 불쾌한 냄새를 풍겨서 업체의 쓰레기 매립지에 묻어야 했다. 물론 이 시기 찰스는 재정적으로 위험한 일에 익숙했다. 고무를 실용적인 소재로 개발하는 사람이 신발 산업을 변화시키리라 확신한 그는 고무의 성질 개선이 가능한지 확인하는 실험에 돌입했다.

찰스는 5년 동안 온갖 실험을 수행했으나 고무의 성질 개선에 성공하지 못했다(때로는 빚을 지고 감옥에 갇혀 실험했다). 그는 고무에 청동bronze 가루, 질산nitric acid, 납 lead, 마그네슘 magnesium, 탄산 마그네슘magnesium carbonate을 혼합했고, 이따금 혼합물에서 위험한 기체가 발생해 거의 죽을 뻔한 적도 있다. 고무로 바지를 만들었을 때는, 조수의 다리에서 고무 바지가 녹는 바람에 조수가 의자에 찰싹 달라붙기도 했다.

이 몇 년 동안 찰스는 고무 모자와 고무 망토를 걸치고 고무 신발과 고무 장갑을 착용한 채 고무 신문을 들고 뉴욕 거리를 걸어 다니며, 고무에 집착하는 괴짜로 이름을 날렸다. 그런데 찰스가 몸에 지닌 고무 물건은 모두 상온에서 벗어나면 유연성을 잃었다.

많은 사람이 같은 실패를 겪고 포기했지만, 찰스는 오히려 '숨겨져 있고 알려지지 않았으며 과학 연구로 밝혀지지 않은 대상은 우연히 발견될 가능성이 높다'고 믿으며 선견지명을 발휘했다.

찰스의 예견은 정확히 현실이 되었다. 1893년 겨울 어느 날 저녁, 고무가 지닌 문제를 우연히 해결하리라는 그의 굳건한 믿음이 옳았다는 것이 증명되었다. 당시 찰스는 고무에 집착하는 또 다른 미치광이인 너새니얼 헤이워드Nathaniel Hayward와 알고 지냈는데, 너새니얼은 꿈에서 고무와 황을 섞으면 내열성이 향상한다는 아이디어를 얻었다. 그의 아이디어가 마음에 든 찰스는 악취를 참으며 고무 시료에 황을 첨가했다.

찰스는 부엌에서 황이 섞인 고무 덩어리를 동생에게 보여주며 흥분하다가 실수로 고무를 손에서 놓쳤다. 고무 덩어리가 방을 가로질러 날아가 난로 위로 떨어졌다. 고무는 열을 받으면 녹는다는 점에서 난로 위로 고무가 떨어졌다는 것은 나쁜 소식을 의미했지만, 찰스는 난로 위 냄비를 들여다보고 놀라운 결과를 발견했다. 고무가 단단하게 형체를 유지할 뿐만 아니라 경화된 가죽처럼 광택을 드러내고 있었다. 열을 가하면 고무는 구조가 파괴되지만, 황과 혼합해 가열하면 그와 반대인 결과가 나오는 게 분명했다. 황을 첨가한 고무는 열을 견디고 있었다.

황 원자는 고무를 이루는 사슬의 원자와 결합하여 사슬 사이에 가교를 형성한다. 사슬 자체는 가교 형성으로 변화하지 않으므로, 고무는 유연한 특성을 유지하지만 고무를 이루는 사슬은 황 가교로 단단히 고정된다.

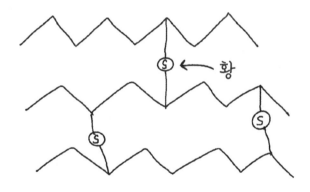

즉, 가교가 형성된 고무는 고온에서 각 사슬이 분리되지 않고, 저

온에서 구조가 깨지지 않는다. 찰스는 고무를 난로 위의 냄비에 떨어뜨린 덕분에 고무를 보강하는 완벽한 방법을 찾았다.

찰스는 고무 시료를 집 현관에 못으로 박아 두고, 다음 날 아침 고무가 뉴욕 겨울밤의 혹독한 추위를 견뎌낸 것을 확인했다. 마침내 그는 내구성 강한 고무를 만드는 비법을 발견한 것이다. 그는 이 공정에 로마 불의 신 불카누스Vulcanus에서 유래한 '가황vulcanisation'이라는 이름을 붙였다.

찰스의 기술은 초기에 동료들과 고무 산업계로부터 강하게 의심받았다. 찰스가 발견했다고 주장한 대상이 실은 별것 아니라고 밝혀진 적이 있었기 때문이다. 그러나 시간이 흐르면서 사람들은 찰스의 고무가 탄력이라는 성배를 성취했음을 깨달았다.

찰스는 안타깝게도 가황 공정의 기원을 두고 수많은 특허 분쟁과 법적 다툼을 벌이면서 발명품으로 번 돈을 모조리 써버렸고, 파산한 상황에서 세상을 떠났다.[11] 그는 끈질긴 과학자일지 몰라도, 영리한 사업가는 아니었다.

그럼에도 찰스가 발명한 가황 공정은 오늘날까지 활용되고 있으며, 그의 성으로 미루어 짐작할 수 있듯 자동차 산업에서 매우 귀중한 도구로 자리 잡았다(타이어 제조업체인 굿이어 타이어 앤드 러버 컴퍼니The Goodyear Tire & Rubber Company는 회사명을 그의 성에서 따왔다 - 옮긴이). 간단히 말해, 찰스 굿이어와 고무를 놓친 그의 손이 없었다면 자동차에는 바퀴가 달리지 않았을 것이다. 말이 나온 김에 손 이야기로 넘어가자.

직원은 손을 씻어야 한다

1938년 스위스 화학자 앨버트 호프먼Albert Hoffman은 포르투갈의 맥각균을 연구하고 있었다. 맥각균은 편두통과 분만통을 완화한다고 알려져 있었지만, 호프먼은 맥각균이 호흡기 질병에도 효과가 있는지 조사하고 싶었다. 그리하여 맥각균에서 리세르그산lysergic acid을 추출하고, 이 분자에 무작위로 다른 물질을 뿌려 새로운 화학 물질로 전환했다. 이러한 방식이 우연에 의존하는 듯 느껴질 수 있겠으나, 생물화학에서는 널리 활용되는 접근법이다. 이를 통해 과학자는 하나의 분자에서 출발해 작은 분자 조각을 붙이며 기능이 향상하는지 확인한다.

호프먼은 실험을 진행하던 중 리세르그산 디에틸아미드-25 LySergic acid Diethylamide-25(짧게 줄여 LSD)라는 화학 물질을 합성했다. 이 물질은 용도가 분명하게 드러나지 않았고, 호프먼은 이를 5년간 잊고 지냈다. 그러다 1943년, 물질을 재검토하며 무엇을 놓쳤는지 알아보기로 했다. 4월 16일 그는 LSD를 다시 합성했지만 실험 도중

어지러움을 느끼고 일을 중단했다.

호프먼은 간신히 집으로 돌아와 잠자리에 들었고 인생에서 가장 생생한 악몽에 시달렸다. 다음 주 월요일 그는 자신이 무엇을 섭취한 까닭에 그토록 몸이 아팠는지 궁금해하며 연구실로 향했고, 실험에 사용한 플라스크를 발견했다. 피부에 화학 물질 잔여물이 묻어 있었을까? 그 물질이 고통의 원인이었을까?

고통과 악몽의 원인이 LSD인지 확인하기 위해 호프먼이 할 수 있는 일은 한 가지뿐이었다. 순수한 LSD를 한 알 삼키고 무슨 현상이 일어나는지 확인하는 것이다. 그는 다시 한번 극심한 고통에 시달렸고, 이번에는 조수의 도움을 받으며 실험실을 떠나야 했다.

호프먼과 조수는 자전거를 타고 호프먼의 집으로 돌아갔고, 호프먼은 주변 사람이 악마로 변하는 환각을 경험하며 그의 말마따나 '극심한 위기severe crisis'에 빠졌다. 그는 세계 최초로 LSD가 유발하는 환각 체험acid trip을 하고 있었다.

호프먼은 이웃에게 우유를 가져다 달라고 부탁한 다음(그 이웃 여자가 마녀라고 몰아세우기 전이다), 환각이 심해져 침대에 몇 시간 동안 누워 있었다. LSD가 자기 몸에 영구적 손상을 가한 것은 아닌지 불안해진 그는 의사를 불렀다. 의사는 호프먼의 신체에 아무런 이상이 없다고 말하며 그가 일반적인 의미의 독성 물질을 먹지는 않았다고 결론지었다. 그 대신 감각 지각을 혼란스럽게 만드는 정신활성물질을 섭취했음을 알아차렸다.[12] LSD는 강력한 환각제였다.

지각이 어떻게 작동하는지 밝혀지지 않은 까닭에, LSD의 작용 방식은 명확하게 알 수 없다. 그런데 알려진 바에 따르면, LSD는 글루탐산염glutamate이라는 신경전달물질이 과도하게 분비되도록 유도한다. 글루탐산염은 여러 기능을 수행하지만, 주로 기억 형성에 관여한다. LSD가 글루탐산염 과다 분비를 유도하면 뇌는 '과잉 기억', 즉 LSD 복용자가 경험하는 일과 무관한 단절된 기억을 불러올 가능성이 있다. 이처럼 현재 경험과 무관한 기억을 실제 지각하는 정보와 뒤섞으며 혼란을 일으키는 현상은 환각으로 이어질 수 있다.[13]

호프먼이 근무한 산도스연구소Sandoz laboratories는 처음에 LSD를 알코올 중독 및 성 도착증sexual perversion 치료제로 시판했다. 그런데 1950년 미국 중앙정보국Central Intelligence Agency: CIA은 전 세계에 공급된 LSD를 구입한 뒤, 오늘날 악명 높은 MK울트라 계획Project MKUltra의 일환으로 인간 실험을 수행하는 과정에 사용했다.[14]

혀끝

LSD보다 논란의 여지는 적고, 훨씬 널리 사랑받는 화학 물질 또한 비슷한 방식으로 발견되었다. 1879년 러시아 화학자 콘스탄틴

팔베르크Constantin Fahlberg는 존스홉킨스대학교 화학 실험실에서 석탄을 태우면 나오는 끈적끈적한 검은 물질인 콜타르coal tar를 연구하고 있었다. 일과를 마치고 집으로 돌아온 그는 빵을 먹다가 강렬한 단맛을 느꼈다. 마신 물과 콧수염 물기를 닦는 냅킨에서도 마찬가지로 단맛이 났다.

팔베르크는 단맛의 원인이 집에 있는 음식은 아니며, 따라서 실험실에서 손가락에 묻은 무언가여야 한다는 점을 깨달았다. 그는 곧장 실험실로 돌아가 석탄에서 추출한 모든 화학 물질을 맛보며 어느 물질이 가장 달콤한지 조사했다. 팔베르크는 당시 상황을 다음과 같이 설명했다. "나는 저녁 식사를 포기하고 실험실로 달려갔다. 그리고 흥분에 휩싸여 실험대에 놓인 모든 비커와 증발접시 속 내용물을 맛보았다. 운 좋게도 부식성 물질이나 독성 물질은 없었다."[15]

원칙적으로 실험실 내 모든 화학 물질은 섭취가 금지된다. 그런데 과거에 나를 가르친 익명의 교수는 화학 물질 공급업체에 주문한 모든 제품을 의도적으로 조금씩 먹어 보는 습관이 있었다. 그는 독성 물질의 역치 용량보다 적게 섭취하면 안전하다고 주장했다. 약간 걱정스러운 행동이긴 하지만, 내가 만난 사람 중에서 시안화물cyanide의 맛을 묘사할 수 있는 사람은 그가 유일하다.

무수한 시행착오 끝에, 팔베르크는 음식을 달게 만든 범인을 밝혔다. 범인은 최초의 인공 감미료인 오쏘-벤조익 설퍼마이드orthobenzoic sulfimide로 정제 설탕보다 300배 더 달다.

팔베르크는 발견한 화학 물질에 관한 특허를 조사하고, '당분 과다saccharine'라는 단어를 참고해 '사카린saccharin'으로 물질명을 바꿨다. 그런데 얼마 지나지 않아 사카린은 유해 물질로 조사되었고, 특히 미국 식품의약국Food and Drug Administration: FDA 소속 선임연구원 하비 와일리Harvey Wiley는 사카린을 자연법칙에 어긋나 건강에 좋지 않은 설탕 대체물로 여겼다.

그러나 FDA의 사카린 연구는 다름 아닌 시어도어 루스벨트 대통령의 영향으로 중단되었다. 당시 루스벨트 대통령이 주치의에게 사카린을 설탕 대체제로 처방받고 체중 감량에 도움을 얻었기 때문이다. 대통령의 체중 감량 계획을 방해할 수 없었으므로, FDA의 사카린 금지 시도는 좌절되었다. 루스벨트는 와일리의 얼굴에 대고 직접 말했다. "사카린이 건강에 해롭다고 말하는 사람은 얼간이다."[16]

1911년 루스벨트가 백악관을 떠난 뒤, 하비 와일리는 마침내 사카린을 '불순물'로 분류하는 데 성공했다. 하지만 이 결정은 몇 년 후 제1차 세계대전이 진행되는 동안 설탕이 부족해지자 미국 정부가 전투 식량에 사카린을 넣기로 하면서 뒤집혔다.[17]

단맛을 즐기다

흥미롭게도, 누군가가 손에 묻은 물질을 우연히 맛보고 감미료를 발견하게 된 사례는 사카린이 유일하지 않다. 1937년 일리노이대학교 마이클 스베더Michael Sveda는 해열제를 연구하던 중 잠시 휴식하며 담배를 피웠다. 책상에 올려 둔 담배를 입에 다시 물자 혀에서 무시무시한 단맛이 느껴졌다.[18] 그가 실수로 담배에 사이클로헥실설파민산나트륨sodium cyclohexylsulfamate을 묻혔기 때문이었다. 사이클로헥실설파민산나트륨은 오늘날 시클라메이트cyclamate로 알려진 물질로, 자당sucrose보다 40배 더 달며 미국산 설탕 대체제 스위트앤로우Sweet'n Low에 함유된 주요 감미료다.

1965년 화학자 제임스 슐래터James Schlatter는 항궤양제를 연구하던 중 종이를 넘기기 위해 화학 물질 잔여물이 묻어 있던 손가락 끝을 핥았고, 손가락에서 단맛을 느꼈다.[19] 그가 발견한 물질은 자당보다 200배 단 아스파탐aspartame으로, 다이어트 코크Diet Coke에 첨가되었다.

다음 사건마저 알면 여러분은 저 위에 있는 누군가가 짓궂은 장난을 친다고 믿게 될 것이다. 1976년 화학자 샤시칸트 파드니스Shashikant Phadnis는 자당의 염소화chlorinated 유도체를 연구하는 도중 지도교수 레슬리 허프Leslie Hough에게 물질을 테스트test해 보라고 지시받았다. 그런데 파드니스는 인도 출신으로 영어가 모국어가 아니었던 까닭에 잘못 알아듣고 지도교수가 '맛을 보라taste it'고 지시했다고 착각했다. 여느 성실한 대학원생이 그렇듯 파드니스는 지도교수의 지시를 따랐고, 수크랄로스sucralose를 발견했다.[20] 수크랄로스는 자당보다 600배 단 물질로 현재 스플렌다Splenda라는 상품명으로 판매되고 있다.

벨의 오해

인간이 혁신을 앞당기는 계기가 신체의 서투름에서만 나오는 것은 아니다. 때로는 서투른 번역에서 나오며, 이는 오늘날 여러분이 이미 수십 번은 사용했을 기기에 영감을 주었다.

알렉산더 그레이엄 벨Alexander Graham Bell은 스코틀랜드 출신 저명한 발성법 교사인 알렉산더 멜빌 벨Alexander Melville Bell과 12세부터 청각 장애를 앓았던 일라이자Eliza 사이에서 태어났다. 알렉산더 그레이엄 벨은 본래 아버지 이름을 따 알렉산더 벨이라 이름 지어지고 가족에게 알렉이라 불렸지만, 11세가 되었을 때 생일 선물로 그레이엄이라는 중간 이름을 받았다.

알렉은 어렸을 때부터 과학적 언어 연구에 관심이 많았다. 그는 언어학자, 발성법 교사, 언어 치료사 공동체에서 성장했는데, 이들 중에는 나폴레옹 보나파르트의 조카이자 아가 Song of Songs(성경의 일부분으로 성적 묘사가 곳곳에 등장한다)를 20개 이상의 언어로 번역한 인물로 유명한 루시앙Lucien이 있었다.

알렉은 어린 시절 어머니와 의사소통하기 위해 어머니 이마에 코를 대고 소리를 내면서 글자를 표현하는 방법을 고안하고, 심지어 반려견에게 입을 움직여 말을 흉내 내도록 가르쳤다.

20세가 되어 메이블 허버드Mabel Hubbard와 결혼할 무렵, 알렉은 구강 음향학을 주제로 정밀 실험을 진행하고 있었다. 그는 연필을 가져다 입술과 목구멍과 코에 대고 진동이 어디서 오는지, 목구멍에서 말소리가 어떻게 나는지 실험했다.

알렉은 자신이 수행한 연구와 새롭게 발견한 사항을 40쪽 분량으로 요약해 작성한 다음, 발표할 만한 가치가 있는지 궁금해하며 아버지에게 보냈다. 그의 아버지는 아들의 발견에 흥분하여 친구인 알렉산더 엘리스Alexander Ellis에게 요약본을 보여주었지만, 엘리스는 실망스러운 소식을 전했다. 이미 독일 물리학자 헤르만 폰 헬름홀츠Hermann von Helmholtz가 유사한 실험을 하고, 해당 주제에 관한 책을 집필한 상태였다. 알렉은 너무 늦었다.

헬름홀츠는 특히 인상적인 실험을 수행했는데, 소리굽쇠를 이용해 모음 소리를 흉내 내는 실험이었다. 입의 앞쪽, 가운데, 뒤쪽에 해당하는 소리굽쇠 세 개를 나란히 배치하고, 각 소리굽쇠에 배터리를 연결해 진동을 일으켰다. 그는 적절한 진동수와 소리굽쇠 간의 거리를 발견한 끝에, 공기 중에서 모음 소리를 인공적으로 생성할 수 있었다.[21]

멜빌 벨은 아들의 연구가 이미 다른 과학자의 이름으로 발표되었다는 사실에 조금 슬펐지만, 아들에게 가치 있는 연구를 하고 있음을 일깨우고 싶다는 마음으로 헬름홀츠의 책을 아들에게 보냈다. 알렉은 감사히 책을 받았으나 문제가 있었다. 책이 독일어로 집필되어 알렉은 그 내용을 전혀 이해할 수 없었다. 아버지가 왜 아들에게 읽을 수 없는 언어로 쓰인 책을 보냈는지는 불분명하다. 알렉이 이따금 외국어 단어를 보고 발음을 정확하게 추론하는 놀이를 한 까닭에, 멜빌 벨은 알렉이 실제 독일어를 이해하지 못하고 소리만 흉내낼 수 있다는 사실을 잊었는지도 모른다.

아무튼 알렉은 책을 훑으며 대강 번역하고 삽화를 관찰하면서 무슨 내용인지 알아내려 노력했다. 그러나 전기학과 독일어를 전혀 몰랐던 탓에, 소리굽쇠와 회로를 나타낸 도표를 보고 완전히 오해했다.

알렉은 헬름홀츠가 송신기에서 수신기로 소리를 전기적으로 전송하는 방법을 고안했다고 착각했다. 따라서 그러한 기술이 가능하다면, 자신의 다음 목표는 장거리로 음향을 전송하는 기계를 만드는 것이어야 한다고 생각했다. 알렉은 전기물리학을 독학하기 시작했다.[22]

1875년 벨은 노련한 공학자가 되었고, 인간의 모든 말소리를 전기적으로 전송하는 기계를 완성했다. 이 기계가 바로 전화다. 전화는 놀랄 만큼 단순한 기계로, 알렉이 처음 고안한 이후 설계가 크게 달라지지 않았을 정도다.

누군가가 전화 송화기에 대고 말하면, 발생하는 공기 파장에 맞춰 원반 형태의 종이(또는 요즘은 플라스틱)가 진동한다. 이 종이 진동판은 자석에 부착되어 있으므로 진동판이 진동하면 자석도 진동한다. 벨은 전선 코일 내부에 있는 자석을 진동시키면 전선을 따라 이동할 수 있는 전기적 교란이 발생한다는 사실을 알았다.

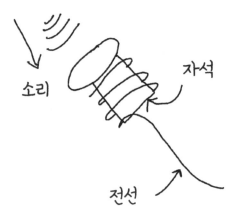

소리

자석

전선

전선의 맞은편 끝에서는 두 번째 자석이 전선을 따라 이동한 전기 신호를 받아 그에 맞춰 진동한다. 두 번째 자석에도 진동판이 부착되어 있어, 기존 말소리와 동일한 진동을 공기 중에서 발생시킨다. 마이크는 진동을 전기 신호로 변환하고, 스피커는 전기 신호를 진동으로 변환한다.

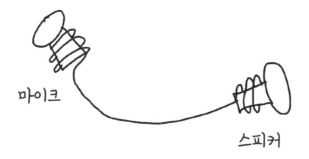

마이크

스피커

벨은 헬름홀츠의 초기 연구에 기반하여 실용적으로 개선된 기계를 제작했다고 생각했다. 그러나 벨은 헬름홀츠의 책을 오해하고 완전히 새로운 기계를 발명했다. 앞서 공학계는 지속적인 음향 신호를 유선으로 전송하는 개념은 불가능하다고 결론지었다. 모스 부호로 짧은 점과 긴 점을 보낼 수는 있었지만, 연속적인 진동을 전송하는 것은 SF 소설 속에서나 가능했다. 하지만 벨은 그것이 불가능하다고 생각하지 않았고, 결국 해냈다.

벨은 마침내 헬름홀츠 책의 프랑스어 번역본을 읽고 자신의 오해를 알아차린 뒤, 그 오해가 행운이었음을 깨달았다. 헬름홀츠의 책을 올바르게 해석했다면 벨은 전화를 '개선'하려 시도하지 않았을

것이며, 따라서 전화가 우연히 발명되지도 않았을 것이다.[23]

강의에 늦다

오해를 바탕으로 돌파구를 마련한 사례는 알렉산더 그레이엄 벨의 놀라운 이야기에서 끝나지 않는다.

1939년 캘리포니아대학교 버클리캠퍼스 수학과 학생인 25세의 조지 댄치그George Dantzig는 지도교수 예지 네이만Jerzy Neyman의 강의 시간에 늦게 도착했다. 댄치그는 칠판에 적힌 과제 문제를 노트에 베끼고, 며칠 뒤 문제의 답을 제출한 뒤 여느 때처럼 일상을 보냈다.

댄치그가 알아차리지 못한 것은 칠판에 적힌 문제가 실은 과제가 아니라는 점이었다. 그것은 너무도 어려운 나머지 역사상 한 번도 풀린 적 없는 난제였고, 댄치그가 이제 그 문제를 해결해버렸다. 강의 시간에 늦지 않았다면, 그는 문제 풀이를 시도하지 않았을 것이다.[24]

벨과 댄치그의 이야기에 교훈이 있다면, 사람들에게 일의 어려움을 미리 알려서는 안 된다는 점이다. 어려움에 관한 예언은 그러한 예언의 실현으로 이어지기 때문이다. 불가능에 가까운 일을 해결하는 가장 좋은 방법은 그 일이 이미 해결되었다고 단순히 가정하는 것이다.

박자 맞추기

1950년대 초 윌슨 그레이트배치Wilson Greatbatch는 뉴욕주에 설립된 코넬대학교에서 전자공학 학위를 취득하기 위해 공부하는 동시에 생계를 위해 지역 연구소에서 근무했다. 그레이트배치는 연구소에서 체내를 순환하며 장기의 기능, 특히 심장 기능을 조절하는 전기인 '생체 전기'를 연구하는 외과의들을 만났다.

심장은 60,000분의 1볼트로 충격이 스쳐 지나가면 1초당 두 번 경련을 일으키는 근육이다. 이러한 신호를 전달하는 신경에 문제가 생기면(노년기에 이따금 일어나는 현상이다) 심장은 자극받지 못해 불규칙하게 또는 불충분하게 또는 전혀 뛰지 않게 된다.

이러한 상황에서 사람의 심장을 뛰게 하는 유일한 해결책은 커다란 금속 고리를 피부밑에 삽입하여 심장과 전선으로 연결한 다음 봉합하는 장치이다. 피부 바깥쪽에서는 자화판magnetised plate이 금속 고리를 끌어당기고, 금속 고리는 환자가 들고 다니는 도시락 크기의 배터리 및 숫자판과 연결되어 있어, 필요에 따라 심박수를 높이거나 낮출 수 있었다.[25]

그레이트배치는 이 장치의 독창성에 깊은 인상을 받았지만, 위험할 뿐만 아니라 구조가 비실용적이며 거추장스럽다고 생각했다. 금속 고리와 배터리가 얇은 가슴 피부를 경계로 분리되어 있고, 어느 부품이든 제자리에서 이탈할 수 있었다.

1958년 그레이트배치(당시 버팔로대학교 전자공학과 교수였다)는 자신의 창고에서 전기 부품을 활용해 심장 박동을 기록하는 장치를 개발했다. 그 장치에 쓰인 한 가지 주요 부품은 발진 회로oscillator circuit 였다.

발진 회로는 크기가 성냥갑보다 크지 않고, 직류 전기를 교류 전기로 변환한다. 직류는 전선의 모든 전자가 회로를 따라 연속적으로 흐르는 것이고, 교류는 전자가 한자리에서 앞뒤로 움직이는 것이다(영국의 콘센트에서 나오는 전기는 초당 55회 앞뒤로 움직인다). 발진 회로는 배터리에서 일정한 직류 전류를 받아 빠른 리듬으로 출렁이는 교류 전류로 전환한다.

그레이트배치는 회로 작업을 하는 동안, 공구함을 열고 전류를 낮추는 장치인 저항기resistor를 꺼냈다. 저항기는 크기가 쌀알만 하고, 저항값을 알리는 색상 띠가 부착되어 있다. 그런데 그레이트배치는 색상 띠를 착각하고 저항기를 잘못 골랐다.

그레이트배치의 발진 회로에는 저항값이 10,000옴ohm인 저항기가 필요했지만, 그는 실수로 저항값이 1,000만 옴인 저항기를 회로에 장착했다. 이 엄청난 장애물의 영향으로, 회로에서는 전자가 더는 빠르게 앞뒤로 움직일 수 없었다. 그 대신 그레이트배치가 '스케그' 효과라고 설명한 현상, 즉 1초에 한 번씩 날카로운 전기적 파동이 발생하는 현상이 관찰되었다. 본질적으로, 저항이 지나치게 큰 저항기는 전류의 속사포 리듬을 훨씬 느린 드럼 리듬으로 바꾸어 놓았다. 그레이트배치는 자신이 한 일의 의미를 금세 깨달았다. 그는 체내에 삽입할 수 있을 만큼 크기가 작으며 일정한 전기적 파동을 전달할 수 있는 회로를 발명했다. 바꿔 말해, 심박조율기pacemaker를 발명한 것이다.

그레이트배치는 발명품의 설계를 완성하기 위해 연구에 돌입했고, 자신과 아내가 평생 모은 돈을 투자해 창고를 심박조율기 제조 시설로 개조했다.

처음에 그레이트배치의 심박조율기는 효과를 의심하는 외과의 사이에서 인기가 없었으므로, 그는 효과를 증명할 방법을 찾아야 했다. 따라서 집에서 자신의 반려견을 상대로 수술하기로 결심하고, 심박조율기를 반려견 가슴에 이식했다. 심박조율기는 반려견 체내에서 완벽하게 작동했다(이 첫 번째 이식 수술에서는 방수가 되지 않는 전기 테이프로 심박조율기를 감싼 까닭에, 몇 시간 뒤 심박조율기의 작동이 결국 중단되긴 했다).[26]

그레이트배치의 심박조율기가 생물 내부에 필요한 충격을 전달할 수 있다고 입증되자, 의료계는 그의 발명품을 인정했다. 그레이트배치의 심박조율기 사업은 그가 사망할 당시 5,000만 달러에 해당하는 가치가 있었고, 오늘날 매년 60만 명이 넘는 사람이 심박조율기를 이식받는다.

곰팡이의 쓸모

지저분한 책상은 20세기 주요 생물학적 발견으로 이어졌고, 이는 아마도 DNA 구조 발견에 뒤이어 두 번째로 중요한 성과일 것이다 (DNA 구조 발견에 운이 어떻게 작용했는지는 4장을 참조하라).

알렉산더 플레밍Alexander Fleming의 책상이 세상을 바꾼 이야기는 전설로 남을 만하며, 여러분도 이미 알고 있을 가능성이 높다. 그런데 항생제 역사에는 사람들이 인식하는 것보다 더 많은 우연의 순간이 존재한다. 아마 헤아릴 수 없을 만큼 많을 것이다.

스코틀랜드 의사 알렉산더 플레밍은 생물학적 불쾌감에 마음을 빼앗겼다. 그는 곰팡이와 세균에 매력을 느끼고, 곰팡이로 한천 배지에 그림을 그렸다. 그리고 조지 5세George V와 메리 왕비Queen Mary를 비롯해 자신의 연구소를 방문한 모든 사람에게 곰팡이 그림을 보여주었다(조지 5세와 왕비는 곰팡이 그림을 보고 어리둥절했다).[27] 플레밍은 세 번에 걸쳐, 구체적으로 밝히면 한 번은 의도적으로, 다른 한 번은 일부 의도적으로, 또 다른 한 번은 우연히, 감염과 싸우는 인류의 능력을 획기적으로 향상하는 중대한 발견을 했다.

플레밍은 제1차 세계대전 도중 스승인 앰로스 라이트Almroth Wright
와 함께 부상 환자를 치료하며 세균 연구에 처음으로 관심을 가졌
다. 플레밍과 라이트는 야전 병원에서 연구하던 중, 총알이 군복을
뚫고 들어갔을 때 더러운 군복에 있던 세균이 상처에 침투해 심각한
감염을 일으킨다는 사실을 발견했다.

두 사람은 상처 치료에 사용하는 일반적인 소독제가 피부 표면의
세균만 죽이고, 패혈증을 예방할 만큼 피부 속으로 깊이 침투하지
못한다는 사실 또한 발견했다. 그보다 더 심각한 문제는 가장 널리
쓰이는 소독제인 플라빈flavine이 실제로 면역 세포를 죽인다는 것이
었다. 의사가 소독제를 지나치게 많이 투여하면, 감염이 악화될 수
있었다.

플레밍이 소독제 문제를 다른 의료진에게 이해시켰을 무렵, 전쟁
은 막바지에 다다르고 있었다. 소독제의 부적절한 사용으로 얼마나
많은 사람이 사망했는지는 알려지지 않았다.[28]

1921년 플레밍은 두 번째 중대한 발견을 했다. 당시 그는 감기에
걸린 상태에서 배양 접시에 곰팡이를 기르고 있었다. 플레밍이 왕
립학회Royal Society에 제출한 공식 기록에 따르면 그는 자신의 콧물
에 무엇이 들어 있는지 확인하려고 의도적으로 콧물을 배양해 실험
했다고 하지만, 다른 기록에 따르면 흘러내리는 콧물을 우연히 배양
접시에 떨어뜨린 뒤 무슨 현상이 일어나는지 두고 보았다고 한다.[29]

플레밍의 콧물에는 놀랍게도 그때까지 발견된 적 없는 항균성 효소인 라이소자임lysozyme이 함유되어 있었다. 훗날 라이소자임은 체내에 존재하는 천연 항균 물질이며, 달걀흰자처럼 흔한(그리고 덜 불쾌한) 액체 물질에서 추출할 수 있다는 사실이 밝혀졌다.

이후 항생제의 주요 원천이 발견되었다. 1928년 8월 플레밍은 개수대에 배양 접시를 쌓아두고 난장판인 실험실을 그대로 둔 채 가족과 함께 휴가를 떠났다. 배양 접시를 세균 배양기에 넣어야 했지만, 플레밍은 깜빡 잊고 몇 주 동안 그대로 방치했다. 9월 3일 실험실로 돌아온 그는 배양 접시에서 빽빽하게 자란 곰팡이를 발견했다.

플레밍은 곰팡이를 씻어내기 위해 배양 접시들을 개수대에 던져 넣기 시작했고, 접시 더미 대부분을 개수대에 넣었을 무렵 이상해 보이는 접시 하나를 집어 들었다. 그 이상한 접시를 개수대에 던져 넣으려던 찰나, 그는 곰팡이가 주위 세균을 파괴한 모습을 발견했다. 일반적으로 세균은 배양 접시 안에서 덩어리로 증식하며 곰팡이를 압도하지만, 이상한 접시에서는 그렇지 않았다. 대신에 곰팡이 주변 바깥쪽에 명확한 경계가 형성되어 있었다.

플레밍은 그 접시를 관찰하고 소리쳤다. "이거 신기하군." 곰팡이가 세균에 치명적인 무언가를 함유하는 듯 보였기 때문이다. 그의 실험실 조수 대니얼 프라이스Daniel Pryce는 비슷한 상황에서 라이소자임을 발견했다는 점을 그에게 상기시키며, 또 다른 항균 물질을 발견했을 수 있다고 말했다. 실제로 플레밍은 강력한 항균 물질을 발견할 수 있었다.

플레밍의 실험실 아래층에서, 진균학자 찰스 라투슈Charles La Touche는 페니실리움 루브룸Penicillium rubrum이라는 곰팡이를 연구하고 있었다. 그런데 일부 곰팡이 포자가 바람을 타고 위층으로 올라가 플레밍이 휴가를 보내는 사이 그의 배양 접시에 내려앉았다. 페니실리움 포자는 안정적인 군집을 이루고 증식하며 항균 물질을 분비하기 시작했다.

우리는 모든 미생물을 인간의 적으로 여기곤 하지만, 세균과 곰팡이와 바이러스는 특별히 인간을 노리는 것이 아니라 서로를 상대로 전쟁을 벌이는 중이다. 페니실린 루브룸은 플레밍이 추출한 항균 물질을 생성하는데, 이 물질은 처음에 '곰팡이즙mould juice'이라고 불리다가 오늘날 알려진 이름인 '페니실린penicillin'이 되었다.[30, 31] 이렇게 항생제의 시대가 시작되었다.

페니실린의 효능은 분자 중앙에 위치한 불안정한 원자 4개의 고리 구조에서 유래한다고 추정된다. 고리의 원자들이 너무도 강하게 짓눌려 있는 까닭에, 고리는 구조를 깨뜨릴 구실을 찾는다. 페니실린 분자는 세균의 세포벽과 만나자마자 결합을 이룰 적당한 원자를 찾아낸 다음 스스로 고리 구조를 깬다. 그러면 세균의 세포벽이 붕괴하며 구멍이 뚫리고 세포가 파열된다.

훗날 플레밍은 노벨상을 받았고, 그가 의도했든 의도하지 않았든 발견한 성과는 의학의 방식을 바꾸었다. 현재 사용되는 항생제 대부분은 식물을 재배하는 농장(1943년 스트렙토마이신streptomycin)[32]부터 보르네오섬 정글(1953년 반코마이신vancomycin)에 이르는 온갖 장소에서 수집된 토양 시료에서 유래한다.[33] 곰팡이가 있는 곳이면 어디든 항생제가 있다는 법칙이 성립하는 듯하다.

멜론을 사용하다

쓸모 있는 곰팡이를 생성하는 장소는 토양만이 아니었다. 1943년 미국 생화학자 로버트 코길Robert Coghill과 켄 레이퍼Ken Raper는 제2차 세계대전이 진행되는 도중 부상당한 군인을 치료할 새로운 유형의 항생제를 개발해 달라고 요청받았다. 페니실린은 효능이 뛰어나지만 대량 생산이 쉽지 않았다. 따라서 코길과 레이퍼는 쉽게 배양할 수 있는 곰팡이를 발견해 페니실린만큼 효과가 탁월한 항생제를 생산하는 임무를 맡았다.

두 사람은 미국 전역에서 발송된 곰팡이를 대상으로 검증했다. 그 가운데 가장 뛰어나다고 밝혀진 곰팡이는 일리노이주 농산물 시장에서 구입한 곰팡이 핀 멜론에서 긁어낸 페니실리움 루브룸이었다.

멜론을 구입하고 곰팡이를 긁어낸 과학자의 정체는 역사에서 잊혔지만, 실험실에서 근무하며 '곰팡이 메리Mouldy Mary'라는 별명으로 불린 연구원 메리 헌트Mary Hunt였으리라 추정된다.[34]

살균제의 구원

페니실린은 처음에 주사로 투여되었지만, 또 다른 기묘한 반전이 인류를 다시 한번 도왔다. 1945년 프랑스 화학자 미셸 랑보Michel Rambaud는 사업 동료인 리처드 브루너Richard Brunner와 힘을 모아 폐양조장에 페니실린 공장을 설립하기로 했다.

불운하게도 랑보가 페니실린을 생산하려고 했던 탱크는 잇달아 대장균에 오염되었고, 따라서 그는 일반적인 살균제인 페녹시아세트산phenoxyacetic acid으로 탱크를 청소했다. 그런데 랑보와 브루너의 예상과 다르게, 탱크 청소 후 페니실린 생산량이 폭발적으로 증가했다.[35]

두 사람은 알지 못했지만, 페니실린을 생산하는 곰팡이는 실제로 페녹시아세트산을 영양소로 섭취해 페녹시메틸페니실린phenoxymethylpenicillin이라는 항생제를 분비한다. 이 새로운 항생제는 산성 물질에 내성이 있어 사람의 위에서 생존하는 덕분에 경구 복용이 가능했다.

항생제의 발견과 대량 생산 그리고 경구 복용 가능화는 전부 우연의 산물이다. 자연이 늘 인류를 해치려고 하는 것은 아니다.

그때는 맞고 지금은 틀리다

소화성 궤양Peptic ulcer은 위 내벽이 일부분 벗겨지는 질환이다. 소화성 궤양이 생기면 위산이 주위 기관으로 새어 나가 닿는 곳마다 손상을 유발하는데, 이는 들리는 그대로 건강에 좋지 않다. 소화성 궤양은 위암을 일으키는 가장 큰 원인이므로, 조기에 치료하지 않으면 심각한 상황에 빠질 수 있다.

1970년대에는 스트레스가 소화성 궤양을 초래한다고 여겨졌고, 소화성 궤양을 치료하는 가장 좋은 방법은 불안 완화제anxiolytic(항불안제anti-anxiety medication)로 환자를 진정시키는 것이었다. 그런데 우연한 만남을 계기로, 호주 연구원 배리 마셜Barry Marshall과 로빈 워런Robin Warren은 접근 방식을 바꾸게 되었다.

두 연구원이 치료하던 환자는 위에 심각한 궤양이 있었지만 나이가 80세인 탓에 마땅한 치료법이 없었다. 보편적으로 처방되는 항불안제는 그만큼 나이가 많은 환자를 대상으로 임상시험이 이루어지지 않았으므로, 항불안제 처방은 윤리적으로 옳지 않았다. 두 사람에게 남은 유일한 선택지는 아무런 효과가 없을지 모르지만 최소한 감염을 막는 항생제를 환자에게 투여하는 것이었다.

일주일 후, 환자는 얼굴에 미소를 띠고 힘찬 발걸음으로 돌아왔다. 소화성 궤양은 사라진 상태였다. 이때 마셜과 워런이 직면한 과제는 임시방편으로 투여한 항생제가 스트레스 관련 질병을 어떻게 치료했는지 밝히는 일이었다.

이때까지 위 조직 내부에서 세균을 찾으려 시도한 사람은 아무도 없었다. 위 조직에서 세균 찾기는 곧 심해에서 곰 찾기와 같기 때문이다. 다시 말해, 위 조직 내에 세균이 없는 것은 너무도 자명해서 누구도 그런 일을 할 생각조차 하지 않았다. 하지만 마셜과 워런은 어떤 현상이 일어나는지 알고 싶었고, 소화성 궤양 환자의 위 조직을 분석하기 시작했다. 그 결과 위산의 강한 산성에도 살아남을 만큼 강인한 세균인 위나선균Helicobacter pylori을 발견했다. 가장 위험한 질병 가운데 하나인 소화성 궤양이 단순한 세균 감염의 결과일 가능성이 있을까?

위나선균이 소화성 궤양의 원인인지 밝히려면, 마셜과 워런은 소화성 궤양 환자의 위장에 해당 세균이 더 많이 존재한다는 것을 증명해야 했다.

소량의 세균 시료는 현미경으로 관찰하기 어려우므로, 사람의 장

내 세균 군집을 검사하는 가장 좋은 방법은 소화액을 추출해 양분과 함께 배양 접시에 도포하는 것이다. 그런 다음 48시간 동안 방치하면, 세균이 증식해 배양 접시 전체에 퍼진다.

마셜과 워런은 소화성 궤양 환자 33명을 검사했지만, 위액에서 위나선균의 흔적을 발견하지 못했다. 두 사람은 연구를 거의 포기하려는 참에 34번 환자를 상대로 실수를 저질렀다. 부활절 연휴 주말에 배양 접시 버리는 일을 깜빡하고 실험실에 그대로 둔 것이다. 배양 접시는 나흘 동안 실험실에 방치되었고, 다음 화요일 출근한 두 사람은 배양 접시가 위나선균으로 뒤덮인 모습을 발견했다.

위나선균은 전형적인 세균보다 성장 속도가 느리므로, 일반 세균 검사법과 마찬가지로 48시간 동안 방치하면 증식할 시간이 부족하다고 밝혀졌다. 마셜과 워런은 아마도 위액 시료 33개를 성공적으로 수집하고도 위나선균을 발견하지 못했을 것이다. 그러나 이제 두 사람은 소화성 궤양을 항생제로 치료할 수 있다는 근거를 얻었다.[36]

마셜과 워런은 연구 결과를 발표했지만, 제안된 내용이 엉터리라는 이유로 모든 사람에게 무시당했다. 두 사람은 더욱 열심히 연구해야 했다.

마셜과 워런은 생쥐, 들쥐, 돼지에게 위나선균을 감염시키려 했으나 성공하지 못했다. 위나선균은 이들 생물종에 무해하기 때문이었다. 1984년 두 사람은 선택지가 없었고, 괴짜로 여겨지기 시작했다.

마셜은 한 가지 더 시도해 보기로 결심했다. 자기 몸에 소화성 궤양을 일으키는 것이었다.

마셜은 중증 소화성 궤양 환자에게서 위액을 채취한 뒤, 가설이 옳다면 자신도 경증 소화성 궤양에 걸리리라 생각했다. 어느 날 저녁 그는 누구에게도 알리지 않고 근래 채취한 위액 한 병을 가져와 마셨다. 이틀 후, 마셜은 한밤중에 극심한 복부 통증을 느끼며 깨어났다.

신속히 내시경 검사를 한 결과 마셜이 자기 몸에 성공적으로 소화성 궤양을 유발했다고 밝혀졌고, 이때 그는 아내에게 자신이 한 일을 고백했다(음. 나는 마셜이 내시경 검사를 마치고 일단 집으로 돌아갔으리라 생각한다. 항문에 내시경을 꽂은 채 침대에 누워 아내를 향해 '여보, 할 말이 있어'라고 말하지는 않았을 것이다).

마셜이 2주간 소화성 궤양으로 고통받은 끝에, 마셜의 아내는 그에게 적절한 궤양 치료를 받아야 한다고 강하게 주장했다.[37] 마셜의 입 냄새가 그만큼 고약했기 때문이다. 마침내 마셜은 소화성 궤양이 세균에서 유래하며 항생제로 치료될 수 있음을 증명했다.

전 세계 의사는 소화성 궤양 환자에게 항생제를 투여해 보기로 결정하고, 그 치료법이 성공적이라는 사실을 발견했다. 이제 중증 소화성 궤양은 더는 생명을 위협하는 질병이 아니다.[38] 마셜은 거의 혼자서 전 세계 위암 발병률 감소에 공헌하며 수많은 생명을 구했다.

2005년 그는 노벨상을 받았고, 그만한 자격이 있었다. 다음으로는 인간의 위액보다 좀 더 먹기 좋은 음료를 살펴보자.

찻잎을 주머니에 담다

1908년 뉴욕의 차 거래상 토머스 설리번Thomas Sullivan은 찻잎을 비단 주머니에 담아 전 세계로 운송하기 시작했다. 양철 상자보다 비단 주머니가 저렴하다는 이유에서였다.

설리번은 고객이 주머니를 뜯고 찻잎을 거름망에 넣기를 바랐다. 하지만 고객들은 토머스의 의도를 깨닫지 못한 채 비단 주머니가 차를 우리는 도구라고 생각하고, 뜨거운 물에 비단 주머니를 통째로 담갔다.

차에 함유된 분자는 크기가 작으므로, 비단 주머니에서 문제없이 물로 확산할 수 있다. 이로써 티백teabag이 탄생했다. 앞서 1901년 로버타 로슨Roberta Lawson과 메리 몰래런Mary Molaren이 유사한 디자인으로 특허를 등록했지만, 설리번의 차 제국이 이미 확립되어 있었다. 결국 설리번은 티백을 우연히 발명한 공로를 인정받았다.[39]

옥수수 이야기

우연히 만들어진 음식 중에서 가장 유명한 사례는 미국의 빗자루 판매원 존 켈로그John Kellogg가 발명했다. 1894년 어느 날 밤 존은 지역 정신병원에서 근무하는 동생 윌리엄에게서 도움을 요청받았다.

존은 밀가루를 반죽하고 있었고, 반죽을 알맞게 부풀리기 위해 그대로 두고 외출했다. 〈베이크 오프Bake Off〉(영국 TV에서 방영하는 제빵 경연 대회 - 옮긴이)를 시청한 적 없거나 폴 할리우드Paul Hollywood(베이크 오프의 심사위원 - 옮긴이)의 유쾌한 도깨비 같은 매력을 본 적 없는 독자를 위해 설명하자면, 반죽 '부풀리기'란 제빵의 한 단계로 반죽을 그대로 두고 효모에게 당류를 발효할 기회를 주며 효모가 살아있음을 확인하는 과정이다.

존 켈로그는 동생을 돕다가 밀가루 반죽을 밤새 방치했고, 그사이 반죽이 과도하게 부풀었다. 효모가 당류를 전부 이산화탄소로 분해하여 반죽이 무너졌다. 다음 날 아침 켈로그 형제는 반죽을 버리는 대신 밀대로 밀었고, 그 결과 반죽이 작고 얇은 조각으로 부서져 요리할 수 있는 상태가 된 것을 발견했다.

어느 시점에 형제 중 한 명(또는 존의 아내 엘라Ella)이 그 반죽 조각을 우유에 넣어 먹어 보자는 이해 불가능한 아이디어를 냈다. 이제는 보편적인 방식이지만 말이다. 훗날 켈로그 형제는 옥수수 반죽으

로 조각을 만들었을 때 맛이 가장 좋다는 사실을 발견했고, 시리얼 제국이 탄생했다.[40]

아침 식사는 아니기를 바라며

1530년 프랑스 남부 생틸레르Saint-Hilaire 수도원에서 한 무리의 수도승들이 포도주를 빚고 있었다. 당시에도 발효 방식은 널리 알려져 있었다. 우선 당류(대개 과일즙에서 얻는다)에 효모를 넣고 몇 달 동안 방치한다. 그러면 효모가 당류를 먹고 에탄올과 이산화탄소를 방출한다. 이산화탄소는 기체 상태로 빠져나가고, 에탄올은 마실 수 있는 알코올음료가 된다.

이러한 방식은 적어도 13,000년 전부터 인류에게 알려져 있었다. 균류fungus가 담긴 병에 과일즙을 넣고 좋은 일이 생기기를 바라는 사람은 없으리라는 점에서, 이러한 방식은 분명 거의 우연히 발견되었을 것이다. 1530년 수도승들 또한 예상치 못한 현상을 발견했다.

1530년 겨울은 날씨가 유난히 혹독했고, 수도승들은 추운 날씨 때문에 효모가 죽었으리라 예상했다. 이는 병에 담긴 당류 대부분이 발효되지 않고 남아, 알코올 도수가 낮고 지나치게 달콤한 포도주가 만들어진다는 것을 의미했다. 수도승들은 옐프Yelp(식당 평점 사이트 - 옮긴이)에 부정적인 평가가 잔뜩 올라오리라 예상하며 포도주를 병에 담았다. 그런데 1531년 여름이 되자 포도주 병이 폭발하기 시작했다. 무척 기묘한 현상이 일어나고 있었다.

수도승들은 효모가 겨울 추위에 죽지 않고 동면했다는 사실을 알지 못했다. 효모는 여전히 포도주에 남아 생생하게 살아 있었다. 여름이 되어 포도주 저장고가 따뜻해지자, 다시 활성화된 효모가 당류를 먹고 알코올과 이산화탄소를 방출했다. 그런데 이때 포도주는 이미 유리병에 담겨 밀봉되어 있었고, 방출된 이산화탄소로 병 내부 압력이 증가하여 결국 유리병이 뻥 하고 터졌다.[41]

수도승들은 이 포도주를 실패작으로 여겼지만, 실제로 사람들은 톡 쏘는 맛을 즐겼다. 그래서 더욱 두꺼운 유리로 병을 만들고, 이산화탄소가 포도주에 녹아 있다가 유리병이 열리면 거품을 일으키며 분출하게 했다. 수도승 돔 피에르 페리뇽Dom Pierre Perignon은 프랑스 샹파뉴Champagne 지역에서 자신만의 발효 방식으로 발포 포도주를 대량 생산했고, 이 지역명에서 발포 포도주를 일컫는 단어 샴페인(샹파뉴를 영어식으로 발음하면 샴페인이다 - 옮긴이)이 유래했다.

불운과 실패

그는 운명이 보낸 레몬을 집어 들고 레모네이드 가판대를 시작했다.

엘버트 허버드 Elbert Hubbard

나를 죽이지 못한 고통은 나를 강하게 만들 뿐이다.

프리드리히 니체 Friedrich Nietzsche

세상은 불공평해.

스카 Scar (**라이온킹** The Lion King)

역사상 가장 놀랍고 굉장한 두통

19세기에 등장한 신경과학은 독일 물리학자 구스타프 페히너Gustav Fechner가 개척한 분야다. 페히너는 태양에 무슨 일이 일어나는지 몇 개월간 관찰하다가 시력을 일부 상실하고 나서야, 비로소 신경과학에 관심을 가졌다.[1]

페히너는 침대에 누워 요양하던 중 뇌와 마음이 직접적인 영향을 서로 주고받는다고 확신하고, 뇌와 마음의 상관관계를 탐구하기로 했다. 그의 아이디어는 오늘날 정신의학, 심리학, 신경과학 분야로 발전했으며,[2] 그가 옳았음을 뒷받침하는 첫 번째 중요한(그리고 섬뜩한) 증거는 불운한 철도 사고에서 나왔다.

1848년 피니어스 게이지Phineas Gage는 버몬트를 통과하는 새로운 철로를 놓으며 땅을 개간하기 위해 폭약을 설치했는데, 이 설치 작업은 다음과 같은 방식으로 진행되었다. 첫째, 바위에 구멍을 뚫고 발파용 화약으로 채운다. 둘째, 모래로 화약을 덮은 다음 다짐막대로 꾹꾹 눌러 가능한 한 구멍 깊숙이 화약을 밀어 넣는다.

1848년 9월 13일 4시 30분경 게이지가 다짐막대로 발파용 화약을 밀어 넣는 도중 화약이 폭발했다. 폭발 원인은 알려지지 않았고, 화약이 너무 이르게 폭발하면서 다짐막대가 게이지의 머리를 관통했다.

다짐막대는 게이지의 왼쪽 눈 아래로 들어가 두개골 꼭대기를 뚫고 나왔고, 그 과정에서 뇌가 원통 형태로 잘려 나갔다. 다짐막대는 지름이 3센티미터로, 게이지의 왼쪽 전두엽 피질에 해당하는 부분을 손상시켰다.

게이지는 기적적으로 사망하지 않았는데, 굉장히 뜨거워진 금속 다짐막대가 상처를 지지고 출혈을 막았기 때문일 가능성이 높다. 동료들이 공포에 질린 채 지켜보는 동안, 게이지는 일어서서 두통을 호소하며(진짜다) 말 등에 안장을 얹고 그 위에 올라타 마을로 향했다. 40분 뒤 여전히 살아있는 상태로 마을에 도착한 그는 의사 에드워드 윌리엄스Edward Williams에게 차분히 자신을 소개하며 "선생님, 여기 심각한 환자가 있습니다"라고 말했다.[3]

다음 한 달간 게이지는 의식이 오락가락하고 의사에게 두개골 상처를 여러 번 소독 받으며 힘든 시간을 보냈지만, 조금씩 건강을 되찾았다.

게이지를 둘러싼 가장 큰 의문인 "어떻게 그런 일이 가능했을까?"에 대한 답은 안타깝게도 찾을 수 없다. 19세기 중반 의사들은 진료 기록을 상세하게 남기지 않았고, 설령 우리가 당시 모든 상황을 안다고 해도 그 의문에 답할 만큼 뇌를 깊이 이해하지 못하기 때문이다.

어쨌든 게이지는 뇌의 일부가 손상된 뒤에도 삶을 이어갔지만, 사고 이후 그의 동료와 의사는 우려스러운 점을 발견했다. 게이지가 더는 예전의 게이지로 보이지 않았던 것이다. 다시 말해 게이지의 변화는 '그럴 리가'라며 끝낼 일이 아니라, 훨씬 심각한 일이었다. 게이지의 성격이 완전히 뒤바뀌었다.

게이지는 아이큐 검사를 받은 적도, 프루스트의 질문Proust's questionnaire에 답한 적도, '당신은 어떤 컵케이크인가요?' 같은 심리테스트를 완료한 적도 없는 까닭에 그에 관한 기록은 한 줌에 불과하지만, 그런 소소한 기록에도 많은 이야기가 담겨 있다.

게이지를 치료한 주치의 존 할로John Harlow에 따르면, 사고를 당하기 전 게이지는 근면하고 유능하며 철도 회사 팀원들에게 인기가 있었다. 그러나 사고 후 그는 '상스럽게 말하고, 무례하고, 난폭하며, 충동적'이었다. 욕설을 내뱉고 게으름을 피우다가 일이 너무 고되면

포기해 버렸다.[4]

이는 피할 수 없는 결론으로 이어졌다. 뇌는 성격의 자리여서 뇌가 바뀌면 성격이 바뀔 수 있다는 것이다. 게이지 이전에는 인간의 생각과 성격이 서로 분리되어 있으며 신체를 초월한다고 널리 추정되었지만, 게이지의 극단적 성격 변화는 그러한 추정을 뒷받침하기 어려웠다. 진정으로 영혼이 불변한다면, 어째서 뇌 손상으로 영혼이 변화했을까? 영혼은 신체와 물질에 영향받지 않아야 하는 것 아닐까?

게이지의 사례는 때때로 과장되어 그가 바람둥이 사이코패스가 된 것처럼 언급되기도 한다. 이는 사실이 아니지만, 게이지가 잃은 뇌 일부분이 그를 호감 가는 사람으로 만들어 준 부위였다는 점은 사실로 남았다.

가장 보편적인 가설은 뇌의 왼쪽 전두엽 피질이 충동 조절 및 지연 만족과 관련된 영역이라는 주장이다. 해당 뇌 부위를 상실하자, 게이지는 전보다 더 거칠고 본능적으로 행동했다. 인간 자아의 일부는 우리에게 무례하고 무절제하게 행동하라고 지시한다. 전두엽 피질은 우리가 더욱 바르게 행동하도록 개입하는 뇌 부위이다. 그러한 뇌 부위를 상실한 게이지는 '옳은 일을 하는' 능력을 잃고 성격 파탄자가 되었다. 적어도…… 한때는 그랬다.

게이지 이야기에서 가장 흥미롭지만 자주 간과되는 내용은 그가 말년에 거의 정상으로 돌아왔다는 점이다. 1850년대 후반 게이지는 심지어 존경받고 인기 있는 역마차 마부가 되었으며, 그가 지닌 유일한 문제는 실명한 왼쪽 눈이었다.[5]

이는 '신경 가소성'에 관한 최초의 기록으로, 신경 가소성이란 뇌가 스스로 기능과 용도를 바꾸고 재성장하는 능력이다. 게이지는 사고를 당하고 좋은 사람이 되는 능력을 잃었을지 모르지만, 어쨌든 게이지의 뇌는 그런 능력이 중요한 기술임을 인식하고 스스로 재훈련했다.

정지 화면

1860년 8월 6일 텍사스 크로스팀버스 대초원을 달리던 역마차가 제동장치에 문제가 생겨 추락했다. 역마차 승객 중에는 성격이 온순한 영국인 서적 판매원 에드워드 제임스 머거리지 Edward James Muggeridge가 있었는데, 그는 역마차 밖으로 튕겨 나와 바위에 머리를 부딪혔다.

의식을 되찾은 머거리지는 모든 물체가 두 개로 보이는 증상을 겪었고, 이는 왼눈과 오른눈이 인식한 정보를 뇌가 더는 통합할 수 없어 나타나는 교차복시 crossdiplopia 때문이었다. 그는 또한 코와 입은 다치지 않았지만 후각과 미각을 상실했다.

머거리지는 회복을 위해 영국으로 돌아와 빅토리아 여왕의 주치의였던 윌리엄 걸William Gull(몇몇 사람에게 잭 더 리퍼Jack the Ripper로 의심받고 있다)에게 치료받았지만(잭 더 리퍼는 1888년 런던에서 최소 5명을 살해한 신원 미상의 연쇄살인범이다 - 옮긴이), 통증이 가라앉은 뒤에도 그가 보이는 행동 변화는 눈에 띄게 기이했다.

머거리지는 자신의 성을 머거리지에서 머이그리지Muygridge에서 머이브리지Muybridge에서 마이브리지Maybridge로, 중간 이름을 제임스에서 산티아고Santiago로, 이름을 에드워드에서 에두아르도Eduardo에서 에드워드Eadweard로 바꾸었다. 성격 또한 차츰 공격적으로 바뀐 그는 아내의 애인을 총으로 쏴 계획적으로 살해했지만, 뇌 손상 때문에 저지른 살인 행위로 인정받고 무죄 판결을 받았다. 이는 심신미약 항변이 인정된 초기 사례로 꼽힌다.

이보다 더 중요한 것은 그가 역마차 사고에서 강박증을 얻고, 남은 일평생 고통받았다는 점이다. 충돌이 일어나는 동안, 머이브리지는 이전과 판이한 시간을 경험하고 있음을 알아차렸다. 그는 사건이 평소보다 느린 속도로 진행되고 있다고 인식했다. 시간이 너무도 느리게 흘러서 만물이 움직임을 멈추고 결국 고요해지는 것처럼 느껴졌다. 머이브리지는 마치 정지된 이미지에서 정지된 이미지로 이동하듯, 사고 상황을 선명하게 기억할 수 있었다.

오늘날 우리는 유튜브 재생 속도 조절이 가능하고 잭 스나이더Zac Snyder(슬로모션slow motion을 활용한 영화로 주목받은 감독 – 옮긴이)의 영화를 관람하는 세계에서 사는 까닭에 사물이 '슬로모션'으로 움직인다는 개념이 평범하게 느껴진다. 하지만 1860년 당시 시간이 느려진다는 개념은 헛소리로 들렸다. 그런데도 머이브리지는 역마차 사고를 계기로 아이디어를 얻었다. 물체의 속도를 점점 늦춘 끝에 만물의 움직임이 정지하면, 그 움직임을 역순으로 되돌릴 수 있을까? 일련의 정지 사진을 찍어 빠르게 넘기면 움직임을 생성할 수 있을까?

머이브리지는 오늘날에는 거의 남아 있지 않는 원시적인 형태의 영화 촬영용 카메라를 제작하기 시작했다. 카메라 제작 자금은 내기 덕분에 겨우 마련되었다. 이와 관련된 이야기는 다음과 같다.

대학교 설립자 릴런드 스탠퍼드Leland Stanford는 다음의 논쟁을 끝내고 싶었다. 말이 질주할 때 네 발굽이 모두 땅에서 떨어지는 시점이 있을까? 머이브리지는 자신이 그 답을 찾을 수 있다고 주장했다. 그는 스탠퍼드에게 도움받아 새크라멘토에 자리한 말 목장에 카메라 여러 대를 일렬로 설치했다. 각 카메라에는 올가미 철사가 연결되어 있어, 말 다리가 철사에 닿은 직후 말의 모습을 포착할 수 있었다.

머이브리지는 말의 네 발굽이 전부 땅에서 떨어지는 순간이 있음을 입증하는 일련의 사진을 포착했다. 그런 다음 사진들을 스크린에

투사하고 빠른 속도로 넘겼다. 빠르게 변화하는 이미지를 처리하지 못하는 뇌의 특성('시각의 지속성'으로 알려진 광학 현상) 덕분에, 사진 속 말이 움직이는 듯한 착각이 일어났다.

실제로, 여러분도 아마 접한 적이 있을 최초의 영상(무명의 기수가 말을 타는 영상)은 머이브리지가 자신의 영상 기법을 발전시키기 위해 촬영한 결과물이다.[6] 머이브리지가 역마차 사고를 당하지 않았다면 영화가 탄생했을까? 탄생하지 못했을 것이다.

기억하다*

머이브리지가 사고를 당하고 한 세기가 지난 1953년, 기묘하고도 정신의학적으로 불운한 일이 발생했다. 미국인 헨리 몰래슨Henry Molaison은 유년 시절 자전거 사고를 당한 이후 앓게 된 뇌전증 발작을 치료하기 위해 수술을 받고 있었다.

수술을 집도한 의사는 정신병 환자의 뇌 속에서 해마hippocampus 일부를 제거하면 발작이 진정된다는 사실을 알았고, 최후의 수단으로 몰래슨에게 이 수술을 시도했다. 수술에서 회복한 몰래슨은 실제

● 원문은 'Light the corners of my mind'이다. 바브라 스트라이샌드의 노래 〈The Way We Were〉의 가사 'Memories light the corners of my mind'를 인용한 것. - 옮긴이

로 발작이 멈췄지만, 예기치 않게 새로운 기억 형성 또한 멈추었다.

몰래슨은 남은 일생 동안, 심지어 여든이 훌쩍 넘은 나이에도 1953년 당시 나이인 27세라고 확신했다. 그런데 일평생 젊음의 전성기를 누리고 있다고 주장하면서도 수술 당일부터 새로운 것을 배울 수 없었다.[7]

몰래슨에게 무슨 일이 일어난 걸까? 그를 치료한 의사들은 해마가 뇌에서 기억을 담당하는 중앙 처리 장치라는 사실을 아주 천천히 깨달았다. 뇌 곳곳에서 전기 자극이 발생해 기억을 형성하는 동안 해마는 기억을 통합하는 역할을 한다. 해마가 손상되면 영화 〈메멘토Memento〉의 주인공 가이 피어스Guy Pearce처럼 학습이 불가능한 환자가 될 수 있다.

두개골 안에서 소금물과 지방 덩어리로 이루어진 뇌가 정보를 어떻게 저장하는지 완벽히 설명하려면 아직 갈 길이 멀지만, 몰래슨이 받은 수술은 뇌의 특정 부위가 감각 저장을 담당한다는 사실을 암시한 최초의 단서였다. 정보 학습에 관한 개념은 결국 한 사람의 능력을 의도치 않게 제거한 결과를 바탕으로 규명되었다.

몰래슨과 비슷한 사례로, 'NA'라는 암호명으로 불리는 남자 또한 해마 손상으로 새로운 기억을 형성하는 능력을 잃었다고 기록되어 있다. 그는 22세였던 1960년 포르투갈에서 해마를 다쳤다고 알려졌지만, 수수께끼 같은 설명 하나를 제외하면 다른 정보는 없다. '그

남자는 소형 펜싱칼에 관통당해 뇌 손상을 입었다'라고 알려졌을 뿐이다.[8]

과감한 위 실험

1822년 캐나다 모피상 알렉시스 세인트 마틴Alexis St-Martin은 머스킷 총 오발 사고로 몸통에 총알을 맞았다. 세인트 마틴은 하마터면 죽을 뻔했지만, 의사 윌리엄 보몬트William Beaumont가 그를 구조하기 위해 말을 타고 달려와 노련하게 수술한 덕분에 살아날 수 있었다. 이후 세인트 마틴에게는 한 가지 기이한 부작용이 생겼는데, 위와 피부 표면을 연결하는 관이 생성된 것이다.

세인트 마틴이 충격적인 사고를 겪은 뒤, 그의 몸통 세포가 해부학적 구조를 복구하는 과정에 실수로 위에서 왼쪽 젖꼭지 바로 아래까지 관을 만들었다. 세인트 마틴의 몸에는 의도치 않게 두 번째 식도가 생겼다.

윌리엄 보몬트는 이내 기회를 포착하고, 잔인하게도 문맹인 세인트 마틴에게 해부학적 실험을 허락하는 계약서에 서명하게 했다. 당시 소화에 관해 알려진 사실이 거의 없었으므로, 이는 소화가 일어나는 과정을 관찰할 수 있는 기회였다.

보몬트는 음식 조각을 끈에 매달고 세인트 마틴의 가슴 구멍에 넣었다가 시간 간격을 두고 다시 빼내 얼마나 분해되었는지 확인했다. 때로는 불빛을 비추며 가슴 구멍을 들여다보고 무슨 현상이 일어나는지 확인했다. 작은 직물 주머니에 음식 조각을 넣고 위산과 효소가 직물을 얼마나 효과적으로 통과하는지 확인하기도 했다.[9]

보몬트는 10년에 걸쳐 200회가 넘는 실험을 했다(그동안 세인트 마틴은 여러 번 탈출을 시도했지만, 의욕은 넘치고 배려는 부족한 보몬트가 세인트 마틴을 다시 데려왔다). 유감스럽게도, 보몬트가 수행한 많은 실험이 유익하다고 밝혀졌다.

보몬트는 위에 염산이 있다는 것, 위가 음식물을 분해한다는 것, 음식물을 구성하는 성분에 따라 분해 속도가 다르다는 것, 가장 놀랍게도 사람의 기분이 소화 속도에 영향을 미친다는 것을 최초로 발견했다. 실제로 세인트 마틴은 화가 난 적이 많았으며, 그럴 때마다 소화 속도가 느려졌다.[10]

닥터 터글은 누구였을까?

분위기를 전환하기 위해, 몸통 부상이 발견으로 이어진 사례 중에서 한층 밝은 이야기로 넘어가려 한다. 존 펨버턴John Pemberton의 삶을 살펴보자.

펨버턴은 미국 남북전쟁 중 칼에 배를 찔린 뒤 계속되는 통증을 완화하기 위해 모르핀morphine을 맞다가 중독자가 되었다. 모르핀 중독 부작용을 피할 수 없었던 펨버턴은 개선된 진통제 투여법을 찾다가 아편성 물질이 포함되지 않은 진통제를 개발하기 시작했다.

펨버턴의 첫 번째 발명품은 강장제 '닥터 터글의 복합 시럽Dr Tuggle's Compound Syrup'으로, 통증을 완화했지만 유효 성분이 알래스카에 서식하는 버튼부시buttonbush 꽃 추출물이라 독성이 있었다. 바람직한 대안은 아니었다.

펨버턴은 독성이 있는 진통제를 만들었음에도 낙담하지 않고 코카인cocaine과 포도주, 콜라나무kola 열매와 다미아나damiana 꽃 추출물을 혼합하는 새로운 제조법을 개발했다. 그런데 안타깝게도 미국에 금주법이 도입되고 포도주 혼합 음료가 불법으로 규정되며(코카인은 합법이었다), 펨버턴은 다시 한번 실패를 겪었다. 이후 그가 개발한 새로운 무알코올 음료는 특히 따뜻하게 마시면 맛이 좋지 않았기 때문에 차갑게 식힐 방법이 필요했다.

펨버턴은 탄산수 업계의 거물 윌리스 베너블Willis Venable과 함께 사업을 시작하고 해결책을 고안했다. 물에 이산화탄소를 주입하면 이산화탄소 분자가 물 분자가 서로 뭉치는 현상을 방해하므로, 물은 열을 잘 유지할 수 없게 된다. 따라서 탄산수는 일반적인 물보다 차

갑게 식히기 쉽다. 다만 톡 쏘는 맛이 나는 부작용을 감수해야 한다.

펨버턴과 베너블은 코카인과 콜라나무 열매 추출물을 혼합한 음료에 탄산수를 섞기 시작하고, 사람들이 그 톡 쏘는 맛을 좋아한다는 사실을 알게 되었다. 펨버턴이 개발한 음료는 소박한 마케팅 활동을 거치며 코카인콜라Cocaine-Kola가 되었고, 마침내 세계에서 가장 인기 있는 청량음료인 코카콜라가 탄생했다. 코카콜라가 등장하기까지, 그저 금주법과 독성 식물과 모르핀 중독 그리고 칼에 배를 찔리는 사건만 있었을 뿐이다.[11]

단단함의 과학

1990년대 초반 거대 제약회사 화이자Pfizer는 심장 혈류 부족으로 발생하는 가슴 통증인 협심증을 치료하는 새로운 약을 개발하고 시험했다. 이는 영국의 아름다운 샌드위치Sandwich 지역에 설립된 연구소 소속 연구원들이 고안한 신약이었다. 컴퓨터 모의실험 결과에 따르면, 신약은 협심증 환자의 몸에서 문제를 일으키는 주요 생물학적 수용체receptor(세포 외부에서 화학 신호를 받아 세포 내부로 전달하는 물질 - 옮긴이)에 결합할 가능성이 있었다. 동물 실험에서도 유망한 결과가 나오자, 화이자는 신약 연구를 주도한 이안 오스텔로Ian Osterloh

에게 남부 웨일스 스완지에 자리한 그의 병원에서 임상시험을 진행하게 했다.[12]

UK-92480이라는 암호명으로 불린 이 약은 협심증 환자 그룹을 대상으로 임상시험이 진행되었지만, 몇 달 뒤 완전히 실패했다. 일부 환자는 증상이 완화되었으나 약효가 임상적으로 유의미할 만큼 강력하지도, 위약보다 훨씬 뛰어나지도 않았다. 결국 화이자는 많은 시간과 비용을 투자한 끝에 UK-92480에 효능이 없음을 입증했다. 이러한 실패 사례는 의학 연구계에 무척 흔하지만, 이후 일어난 일은 진정으로 지극히 드물다.

임상시험 대상자 그룹을 관찰하던 간호사 한 명이 남성 환자들의 비정상적 행동을 보고하자, 상황은 흥미로워졌다. 간호사는 약물을 투여받은 남성들이 모두 엎드려 있고, 일어서거나 앉아서 인터뷰하기를 거부한다는 점을 발견했다. 부드러운 추궁을 통해 그 이유가 밝혀졌다. 남성 환자들은 느닷없이 발기가 억제되지 않아 당황한 상태였으며 간호사에게 무례하게 굴려던 것은 아니었다.[13]

처음에 오스텔로는 이러한 부작용에 관심이 없었지만, 환자에게 약물 투여를 거듭할수록 부작용이 일관되게 나타났다. 오스텔로와 연구팀이 발견한 신약은 발기부전 치료제로, 의학적으로 중요할 뿐만 아니라 경제적으로 막대한 가치가 있었다. 협심증은 전체 남성의 15%가 앓지만, 발기부전은 발병률이 나이에 비례해 증가한다. 구체적으로 밝히면, 40대 남성의 40%, 50대 남성의 50%가 발기부전을 경험한다. UK-92480은 발기부전 치료제로 출시되었고, 현재 상품명인 비아그라Viagra로 널리 알려져 있다.

발기의 과학은 전반적으로 복잡하지만 기본은 간단하다. 첫째, 뇌에서 특정 현상이 일어나 성적으로 흥분한다. 둘째, 뇌에서 화학 물질인 고리형 구아노신 일인산cyclic Guanine MonoPhosphate: cGMP이 방출되며 근육이 이완된다. 여기서 이완은 우리가 바라는 현상과 정반대로 느껴지지만, 특정 유형의 조직은 이완되었을 때 혈액이 흐르며 팽창이 일어난다.

그런데 안타깝게도 cGMP를 꿀꺽 삼키는 것만으로는 원하는 결과를 기대할 수 없다. cGMP는 망막 건강을 유지하고 기억을 형성하는 등 무수한 부가 기능을 수행하기 때문이다. 우리 몸에는 화학 물질을 필요한 곳으로 전달하는 체계가 수천 개 존재하므로, 체내 cGMP 수치를 무턱대고 상승시켰다가는 그런 경로에 영향을 줄 수 있다. 따라서 cGMP를 섭취하는 대신, 기존 cGMP 전달 경로가 제대로 작동하는지 확인해야 한다.

cGMP에는 포스포다이에스터레이스-5PhosphoDiEsterase-5: PDE-5라는 천적이 있어, 축적된 cGMP를 PDE-5가 분해한다. 발기부전의 원인은 몸에서 과잉 생산된 PDE-5가 아직 제 기능을 하지 못한 cGMP를 분해하기 때문이라고 추정된다. 이것이 혈관확장제가 해결해야 하는 문제다. 성공적인 치료제는 'cGMP가 충분하지 않다'라는 증상을 공격하는 대신, 'PDE-5가 cGMP를 너무 많이 분해한다'라는 질병 원인을 해결할 것이다.

모의실험 결과에 따르면, 화합물 UK-92480은 PDE-5에 달라붙어 우리에게 절실히 필요한 cGMP를 공격하지 못하도록 막는 능력이 있었다. 연구팀은 이론적으로 UK-92480이 심장 혈류를 정상으로 되돌릴 수 있으리라 예측했다. 이들의 예상은 맞았다. 다만 효과가 나타난 신체 부위가 달랐을 뿐이다.

UK-92480가 심장보다 음경에서 효과가 더 좋은 이유는 정확히 알려지지 않았다. (남성의 심장에 이르는 경로에 관한 자신만의 농담을 떠올려 보자)(이는 '남자의 심장에 이르는 길은 배를 통한다The way to a man's heart is through his stomach', 즉 '남자의 마음을 사로잡는 방법은 맛있는 음식 대접이다'라는 의미의 영어 속담을 염두에 둔 말이다 - 옮긴이). 음경이 심장보다 cGMP를 자주 분해해야 하므로, 음경의 PDE-5 수치가 높기 때문일 수도 있다. 어쨌든 발기 상태가 계속 유지되는 현상은 바람직하지 않다. 가끔은 외출도 해야 한다.

발기부전 치료를 위한 첫 번째 비아그라 임상시험에는 남성 12명이 참여했고, 의사가 포르노를 보여주자(과학 연구를 위해서였으니 이해하기를 바란다) 모든 남성이 발기에 성공했다.[14] 그 후 200명 이상의 남성이 참여한 임상시험에서는 참여자의 69퍼센트(내가 지어낸 숫자가

아니다)가 비아그라로 효과를 보였다.[15]

비아그라는 혁명이었다. 비아그라가 나오기 전에는 인위로 발기를 유도하는 방법이 한 가지밖에 없었고, 그 방법마저 다소 잔인했기 때문이다. 1983년 케임브리지대학교 자일스 브린들리Giles Brindley 교수는 화학 물질 파파베린papaverine과 펜톨라민phentolamine이 혈관을 확장한다는 사실을 발견했는데, 두 물질은 음경에 직접 주입해야만 효과가 나타났다. 브린들리는 이러한 발견을 발표하며 사람들을 충격에 빠뜨린 적이 있다.

브린들리는 1983년 라스베이거스에서 개최된 요역동학Urodynamics (방광과 요도가 소변을 저장 및 배출하는 기능을 연구하는 분야 – 옮긴이) 학회에서 강연할 예정이었고, 이때 자신이 발견한 성과를 발표하기로 했다. 저명한 비뇨기과 의사들이 모인 강연장에서 그는 운동복을 입고 연단에 올라 자신의 발기한 음경 사진을 공개했다. 사진은 총 30장이었다. 그런데 이것으로 끝나지 않았다.

브린들리는 침묵하는 청중 앞에서 강연한 뒤, 발표 자료로는 발기가 약물로 유도되었음을 증명하지 못한다고 설명했다. 따라서 자신이 발견한 치료법의 효과를 입증하기 위해, 그는 강연이라는 비성적un-sexual 행위를 하면서도 현재 발기한 상태이며 이는 앞서 숙소에서 자신의 음경에 파파베린을 주입한 덕택이라고 밝혔다.

그런 다음 브린들리는 강연대 뒤에서 나와 운동복을 입은 이유를 알렸다. 가랑이 주위에서 팽팽해진 운동복이 그가 발기한 상태임을 증명했다.

그런데 이것으로 끝나지 않았다.

브린들리는 발기 상태가 운동복 바지에 가려 제대로 보이지 않는다고 판단했다(이쯤 되니 청중이 그의 말을 순순히 받아들였을지 의문이다). 그는 발기를 증명하는 유일한 방법은 모든 사람이 보는 앞에서 운동복 바지를 내리는 것이라고 생각했다. 브린들리는 바지를 내렸다.

그런데 이것으로도 끝나지 않았다.

쥐 죽은 듯한 침묵이 흐른 뒤, 브린들리는 주장을 증명하기 위해 청중에게 자신의 음경이 단단한지 검사해 달라고 요청하기로 결심했다. 그래서 미사일 운반차처럼 발기한 음경을 앞에 두고 뒤뚱거리며 연단의 계단으로 내려왔다. 객석 앞줄에서 비명이 터져 나오고 의사들이 공포에 질려 황급히 도망쳤다. 이때 브린들리는 자기 행동이 선을 넘었음을 깨닫고 연단으로 돌아갔다. 물론 당연하게도 당시 학회에서의 일은 거의 기억되지 않았다.[16]

브린들리는 6개월 후 〈영국의학저널British Medical Journal〉에 연구 결과를 발표했지만, 그 치료를 받는 사람은 많지 않았다. 비아그라는 음경에 주삿바늘 찔러넣기를 거부하는 남성, 즉 모든 남성이 선호하는 해결책을 제시했다.

중요한 점은, 비아그라가 발기를 유도하려면 cGMP가 있어야만

한다는 것이다. 즉, cGMP가 없으면 PDE-5의 기능을 억제해도 소용없다. 비아그라는 남성에게 뜬금없이 발기를 유도하거나 성욕 또는 정력을 향상하지 못한다. 비아그라가 하는 일은 이미 존재하는 성욕을 촉진하는 것이다. 오늘날 비아그라의 가치는 약 3조 4,000억 원(25억 달러)에 달한다.

왕실의 끈적한 물질

1856년 독일 화학자 아우구스트 폰 호프만August von Hofmann은 말라리아에 효과적인 치료제인 퀴닌quinine을 합성하려고 시도했다. 페루 전설에 따르면, 안데스산맥의 정글에서 심한 설사로 고통받는 한 젊은이가 퀴닌의 효능을 발견했다고 한다. 그는 탈수 증세로 목숨을 잃을 위기에 처하자, 절박한 심정으로 기나나무cinchona 밑 웅덩이에 고인 물을 마셨다. 기나나무는 독성이 있다고 알려졌지만, 이 남자에게는 선택지가 없었다. 그가 깨닫지 못한 점은 기나나무 껍질에 함유된 퀴닌 성분이 지하수로 스며들었다는 것이었다. 며칠 후 젊은이는 고열에서 해방되고, 치료법을 찾았다.[17]

호프만은 자신의 실험실에서 퀴닌 합성법을 찾는다면 기나나무를 재배해 수확하지 않고도 퀴닌을 대량 생산할 수 있으리라 기대했다.

이 화학 물질을 제조하면 수십만 명의 생명을 구할 수 있을 것이다.

그런데 19세기 중반에는 화학 반응에 관한 이론도, 한 물질이 다른 물질로 전환되는 과정에 관한 이해도 없었다. 당시 인류는 원자를 발견하지 못한 채 원소들 가운데 50퍼센트만 순수하게 분리해 냈고, 러시아 화학자 드미트리 멘델레예프Dmitri Mendeleev는 1856년을 기준으로 13년 동안 주기율표를 완성하지 못했다(책의 말미에 수록된 '부록 1. 놀라운 주기율표 이야기'를 참조하라).

게다가 라이너스 폴링Linus Pauling이 화학 결합의 본질을 발견하기까지는 70년이 더 걸렸다. 화학에서 폴링의 발견은 곧 생물학에서 진화론의 발견과 같다(그러한 측면에서 폴링의 이름이 전 세계 화학 실험실의 주춧돌에 새겨지지 않았다는 사실은 참으로 분하다). 다시 본론으로 돌아가자.

중요한 점은, 19세기에 화학 반응은 대개 양동이 화학bucket chemistry(비교적 수준이 낮고 전문 지식과 장비, 측정과 제어가 필요 없는 화학 — 옮긴이)과 추측의 조합이었다는 것이다. 다시 말해 19세기 사람들은 여러 가지 물질을 한데 섞고 최선의 결과가 나오기를 기대했다. 호프만은 퀴닌과 비슷한 화학 물질들을 혼합하고, 그중 성질이 가장 가까운 한 물질이 퀴닌으로 변화하기를 바랐다.

부활절 연휴가 다가오자, 호프만은 휴식이 필요하다고 판단하고 18세의 실험실 조수 윌리엄 퍼킨William Perkin에게 실험을 맡겼다. 아마도 호프만은 퍼킨에게 다음과 같이 말했을 것이다. "이리 와 퍼킨, 착하게 굴어야 말라리아 치료제를 발견하지 않겠니?"

퍼킨은 호프만을 숨죽여 저주하며, 자기 집 다락방에 작은 실험실을 마련하고 필요한 모든 화학 물질을 가져다 놓았다. 부활절 연휴 동안 퍼킨은 다양한 물질을 생각나는 순서대로 섞어 보며 그중 하나가 적당한 밀도와 형태를 나타내기를 바랐지만, 운이 없었다.[18] 그러다가 별다른 이유 없이 아닐린Aniline과 다이크로뮴산칼륨potassium dichromate을 혼합했다. 아닐린은 썩은 생선 냄새가 나는 기름진 액체로 땅비싸리속Indigofera 식물의 잎을 끓여 추출한다. 다이크로뮴산칼륨은 냄새가 나지 않는 밝은 주황색 액체다. 두 물질 모두 독성이 강하다.

불운하게도, 퍼킨이 사용한 아닐린은 품질이 좋지 않아 톨루이딘toluidine이라는 불순물이 함유되어 있었다. 아닐린 시료에서는 톨루이딘이 오염물질로 흔히 발견되는데, 퍼킨의 아닐린 시료는 병에 담긴 내용물의 절반 가까이가 오염물질이었다는 점에서 진정 끔찍했다. 톨루이딘과 아닐린이 담긴 병에 다이크로뮴산칼륨을 넣으면, 톨루이딘과 아닐린이 함께 반응할 것이다. 그러한 결과 플라스크 바닥에는 끈적끈적한 검은색 침전물이 붙어 있었다. 또 실패다.

이 마마이트Marmite(주로 영국 문화권에서 빵에 발라먹는 제품으로 진갈색에 끈적한 반죽 형태다 - 옮긴이)처럼 생긴 침전물은 실험실에서 흔히 발견되며, 반응물질이 통제되지 않고 무질서하게 반응하여 서로 엉뚱하게 달라붙었음을 의미한다. 이 침전물은 아무짝에도 쓸모가 없으므로(담배를 피우고 싶어 하는 아이들에게 보여주는 용도를 제외하면), 퍼킨은 한숨을 내쉬며 세척실로 향했다.

유리 도구에서 검은색 침전물을 제거하는 표준 절차는 유리 도구를 폐기하며 실험실 담당자에게 사과하는 것이지만, 퍼킨은 플라스크를 회수하기로 마음먹었다. 부활절 연휴 기간이었으므로, 그가 가지고 있는 도구로 문제를 해결해야 했다. 그래서 침전물을 녹이기 위해 알코올 용액을 플라스크에 부었더니, 플라스크 내용물이 돌연 진하고 아름다운 보라색으로 변했다.[19]

이는 흥미로운 결과였다. 보라색은 예술·섬유 산업계에서 구하기 가장 어려운 색으로 유명했다. 빨간색 염료는 깍지벌레cochineal beetle, 노란색 염료는 침철석goethite rock, 파란색 염료는 스피룰리나spirulina에서 얻을 수 있었지만 보라색 염료는 구하기 힘들었다. 보라색 염료의 유일한 공급원은 이탈리아에 서식하는 바다달팽이의 한 종인 무렉스 브란다리스Murex brandaris였다. 그런데 이 달팽이가 분비하는 보라색 염료는 색이 연해서 직물 한 장을 염색하려면 달팽이 수천 마리가 필요했다.[20]

보라색 염료는 고대 그리스 시대부터 인기가 많았다. 보라색 직물은 부유한 사람만 가질 수 있었고, 보라색 직물을 소유하는 것은 높은 지위와 영향력을 상징했다. 오늘날에도 영국 왕실은 공식 예복이 보라색인데, 보라색이 가장 위엄 있는 색이기 때문이다.

하지만 보라색 염료 합성법을 아는 사람은 아무도 없었다. 다락방에 서서 손에 보라색 물질을 묻힌 채 플라스크를 들여다보는 18세 소년을 제외하면 말이다. 퍼킨은 세계에서 가장 가치 있는 염료를 만드는 기술을 발견했다.

퍼킨이 합성한 물질은 처음에 '티리언 퍼플Tyrian purple'이라고 불리다가, 나중에 '모베인mauveine'이라는 멋진 이름을 갖게 되었다. 이 물질은 아닐린과 톨루이딘이 반응한 결과였다. 다른 화학자들은 모베인을 합성하긴 했으나, 엉망진창이 된 검은색 침전물을 보고 그냥 폐기한 까닭에 모베인을 알아보지 못했을 가능성이 높다. 반면 퍼킨은 유리 도구를 세척하기로 마음먹은 덕분에 끈적한 침전물을 녹이고 그 안에 포함된 염료를 발견하게 되었다.

퍼킨은 형의 도움을 받아 호프만이 찾지 않는 정원 헛간에 비밀 실험실을 마련했다. 그런 다음 형과 함께 모베인을 제조하는 통제된 합성법을 알아냈다.

호프만은 무슨 일이 있었는지 알고도 기뻐하지 않았고, 퍼킨이 발견한 물질을 '끈적한 보라색 침전물'이라고 표현했다. 그러나 퍼킨은 특허를 팔아 백만장자가 되었다. 심지어 찰스 디킨스Charles Dickens는 보라색 염료가 여성의 외모를 돋보이게 한다며 찬미하는 사설을 썼다. "오, 퍼킨의 보라색이여. 그대는 행운의 색이자 사랑받는 색이다."[21]

모베인이 생성된 이유는 알려지지 않았지만, 비슷한 반응물질을 사용하면 다른 색 염료가 생성된다는 사실이 밝혀졌다. 사람들은 이를 활용했다. 그리고 매우 다양한 염료를 합성했다. 19세기 말까지 사람들은 퍼킨의 기술을 바탕으로 10,000가지가 넘는 합성 염료를 만들었다.[22]

화학 물질의 색이 파이결합 시스템pi-bond system이라고 불리는 분자 특징에서 유래한다는 사실은 오랜 시간이 지난 뒤 밝혀졌다. 자연에 가장 흔한 파이결합 시스템은 탄소 원자로 구성된 육각 고리인 벤젠 고리이고*, 아닐린과 톨루이딘 모두 벤젠 고리를 포함한다. 모베인은 이러한 분자들이 서로 달라붙은 결과물이다.

파이결합 시스템은 합성 염료가 색을 나타내는 데 필요한 핵심 특징이다. 사람들은 벤젠 기반의 분자를 반응물질로 활용하며 색이 있는 물질이 합성될 가능성을 높였다. 당시도 여전히 양동이 화학이었지만, 퍼킨은 양동이에 벤젠이 풍부한 분자가 포함되어야 한다는 사실을 알아냈다. 오늘날 합성 염료 산업은 8조 200억 원(60억 달러)의 가치를 지닌다.

● 벤젠 구조는 독일 과학자 아우구스트 케쿨레August Kekulé가 마차를 타고 꾸벅꾸벅 졸다가 알아냈다. 그는 꿈에서 꼬리에 꼬리를 문 뱀을 보고 벤젠이 고리형 분자라는 아이디어를 떠올렸다.

끈적끈적한 제품

물체가 서로 달라붙는 방식에는 기계식, 전자기식, 화학식 등 세 가지가 있다. 기계식은 가장 간단한 방식으로 두 물체가 서로 얽혀 마찰이 발생하는 덕분에 미끄러져 분리되지 않는 원리다. 이는 매듭이나 훅 앤드 루프hook-loop 잠금장치 같은 도구의 기초다. 훅 앤드 루프hook-loop 잠금장치는 1941년 스위스 전기공학자 조르주 드 메스트랄George de Mestral이 반려견의 털에 달라붙은 우엉burdock 씨앗을 발견하고 개발했다[23] (메스트랄이 개발한 제품의 상표명은 표기하는 규칙이 무척 복잡하다. 따라서 표기 규칙을 제대로 이해하지 못한 나는 제조사에게 소송당하지 않기 위해 훅 앤드 루프 고정장치라고 언급했다. 알다시피, 이 제품은 어린이가 신발 끈 묶는 법을 배우기 전에 신는 신발 등에 쓰인다).

전자기식과 화학식은 기계식보다 복잡하며, 이 두 가지 방식이 적용된 유명 제품은 우연한 발견의 결과다.

1942년 해리 쿠버Harry Coover는 뉴욕주에 설립된 이스트먼 코닥 Eastman Kodak의 연구개발부에서 근무하던 중 군부로부터 한 가지 요청을 받았다. 총기 조준경에 사용할 수 있는 투명한 플라스틱을 개발해 달라는 요청이었다. 당시 총기 조준경은 총알이 폭발할 때 발생하는 열을 견디도록 대부분 금속으로 만들어졌지만, 투명한 조준경이 더욱 바람직하리라 예상되었다.

쿠버와 연구팀은 에스터ester 구조를 지닌 분자들을 연구하기 시작했다. 에스터 분자는 화학 결합을 통해 사슬 구조를 이루고 서로 엉켜 플라스틱을 생성할 수 있다. 쿠버와 연구팀은 다양한 에스터 분자를 연구한 끝에 메틸 시아노아크릴레이트methyl-2-cyanoacrylate라는 새로운 에스터 분자를 합성했다. 그런데 안타깝게도 메틸 시아노아크릴레이트는 단단한 플라스틱을 형성하기는커녕 접촉하는 모든 대상에 달라붙을 만큼 끈적끈적한 물질이었다. 결국 군부는 투명 플라스틱 개발을 포기했다.

6년 뒤 쿠버는 전투기 조종석 덮개에 사용할 다른 유형의 플라스틱을 개발하다가 매우 끈적한 혼합물을 다시 만들게 되었다. 그는 실험실 조수에게 그 혼합물을 건네면서 모든 시험 장비에 혼합물이 달라붙을 것이라 경고했다. 몇 주 후 조수는 생각나는 물체마다 혼합물을 바르고 다른 물체를 닥치는 대로 붙이는 재미가 쏠쏠하다고 쿠버에게 말했다. 이때 쿠버는 애초에 실패한 플라스틱으로 여긴 발명품이 실제로는 세상에서 가장 강력한 접착제였음을 깨달았다.

쿠버가 발명품을 상사에게 보여준 이후, 코닥은 곧장 제품의 용도를 확인하고 '이스트먼 910 접착제'라는 이름으로 판매하기 시작했다. 이 제품은 훗날 '크레이지글루Krazy Glue'와 '슈퍼글루Super Glue'라는 상품명으로도 출시되었다. 쿠버는 TV 프로그램 〈내겐 비밀이 있어요 I've Got a Secret〉에 출연하여 밧줄에 매달린 진행자 게리 무어Gary Moore

를 접착제 한 방울로 들어 올리며 제품의 강력한 성능을 입증했다.

베트남 전쟁 도중 한 미군 장군은 전장에서 다친 병사의 상처를 봉합하는 수술 도구로 슈퍼글루를 사용해도 되는지 쿠버에게 문의했다. 공식적으로 승인되지 않았지만(그리고 장군의 이름은 공개되지 않았다), 쿠버는 열린 상처에 슈퍼글루를 바르면 실과 바늘로 꿰맬 때보다 훨씬 빠르게 봉합할 수 있어 수많은 생명을 구할 수 있음을 알아차렸다.[24]

슈퍼글루의 핵심은 시아노아크릴레이트 분자 자체가 끈적이지 않는다는 점이다. 시아노아크릴레이트 분자는 서로 결합하거나 용기 내부에 달라붙지 않지만, 물과 접촉하는 순간 응고하기 시작한다. 마른 밀가루의 성질을 떠올려 보자. 밀가루 자체는 끈적이지 않지만, 물과 섞으면 반죽으로 변한다.

물 분자는 거의 모든 물체 표면에 존재하며, 시아노아크릴레이트 분자가 서로 결합해 끊어지기 어려운 사슬 구조를 이루도록 유도한다. 시아노아크릴레이트 접착제가 두 물체의 표면 사이에서 응고하기 시작하면, 표면 사이에 결합이 형성되어 두 표면이 서로 달라붙는다.

슈퍼글루는 사람 피부처럼 수분 함량이 높은 물질에서 가장 효과적이지만, 건조한 물질도 공기 중 수분을 이용해 접착시킨다. 접착제를 제거하는 유일한 방법은 용매로 분자 사슬을 녹이는 것이다. 이때 물은 접착제 제거에 도움이 되지 않는다.

약간 덜 끈적끈적한 제품

접착력이 영원히 지속되지 않는 접착제가 필요하다면 어떨까? 무언가를 붙일 만큼 끈적끈적하지만, 그 접착력이 영원히 유지될 만큼은 끈적이지 않는 접착제가 필요하면 어떻게 해야 할까? 이러한 접착제가 궁금하다면, 1968년 쓰리엠3M에서 근무하며 항공기용 금속을 붙이는 새로운 접착제를 연구한 미국 공학자 스펜서 실버Spencer Silver에 주목하자.

슈퍼글루는 접착력이 뛰어났지만, 일반적으로 수분 함량이 낮은 금속 표면에서는 성능이 떨어졌다. 실버는 다양한 형태의 접착제를 시험하던 중 접착력이 강한 접착제가 아닌 매우 약한 접착제를 만들었다. 실버의 접착제 제조법은 쿠버의 제조법과 마찬가지로 아크릴레이트 분자를 사용하지만, 실버가 얻은 결과물은 분명 쓸모가 없었다. 물체를 붙이지 못하는 접착제를 누가 원할까?

실버는 접착력이 약한 접착제도 쓸모가 있다고 상사들을 설득했다. 예를 들어 약한 접착제로 칠판을 코팅하면 종이가 칠판 표면에 달라붙게 된다고 제안했지만, 아무도 관심을 보이지 않았다. 실버의 접착제는 수년 동안 쓰리엠에서 호기심거리 또는 실버가 묘사한 바에 따르면 '쓸모없는 발명품'으로 사람들 입에 오르내렸다.[25]

실버는 공학자 아서 프라이Arthur Fry에게 약한 접착제를 보여줬고,

프라이는 그 접착제의 용도를 이내 떠올렸다. 교회 성가대원으로 활동하던 프라이는 찬송가 책에 끼워둔 종이 책갈피가 미끄러져 빠져나가는 것을 발견했다(찬송가 책 종이는 표면이 아주 매끄럽다). 그는 실버의 접착제를 종이에 발라 약간 끈적이는 책갈피로 만들어 보았다. 프라이가 만든 책갈피는 책장에 잘 붙었다.

실버는 지난 몇 년 동안 프라이의 아이디어를 거꾸로 제안해 왔다. 종이를 눌러 붙일 물체의 표면을 끈적이게 만드는 대신, 종이 조각의 일부분에 끈적이는 물질을 얇게 바르면 어떨까? 약간의 실험으로 접착제가 종이 조각 표면에 남아 있도록 만든 뒤 쓰리엠은 이 제품을 '프레스앤필Press 'n' Peel'이라는 이름으로 출시하고 '포스트잇Post-it'으로 제품명을 바꾸어 광범위하게 마케팅했다.

포스트잇은 작동 원리가 슈퍼글루보다 복잡한데, 화학 반응이 아닌 전자기적 인력을 기반으로 다른 물체에 달라붙기 때문이다.

모든 원자는 바깥쪽에서 전자가 움직이고 있다. 원자의 한쪽 끝에서 다른 쪽 끝으로 전자가 이동하면, 원자는 전자가 풍부한 부분과 전자가 부족한 부분을 가진 작은 자석이 된다. 그러면 그 옆에 있는 원자는 자석이 된 원자에 상응하는 자기장을 형성하고, 두 원자 간 거리는 가까워진다. 이러한 현상은 영원히 멈추지 않으며, 따라서 두 원자를 가까이에 두면 원자 사이에 약한 인력이 발생한다. 이와 같은 약한 인력은 '런던 힘London force'이라고 불린다.

우리는 런던 힘을 대부분 알아차리지 못한다. 수백만 배 더 강한 다른 힘들이 런던 힘을 압도하기 때문이다. 여러분이 손바닥을 비행기 밑면에 대면, 엄밀히 말해 손바닥이 비행기에 끌리긴 하지만 여러분은 이륙하는 비행기에 끌려가지 못한다. 중력과 공기 저항은 런던 힘과의 싸움에서 늘 이긴다.

매끄러운 탁자에 손바닥을 대고 살짝 누르면 런던 힘의 효과를 느낄 수 있다. 탁자에서 손바닥을 떼는 순간 탁자가 손바닥을 붙들면서 약하게 '당기는 힘'이 느껴지는 것이다. 이는 부드러운 피부가 펴지며 표면적이 넓어지고 손바닥의 원자와 탁자의 원자 사이에 접촉점이 많아져 인력이 발생하는 까닭이다.

도마뱀붙이Gecko는 인력을 능숙히 활용하는데, 주름이 많아 표면적이 넓은 발바닥을 지녀서 더욱 강한 런던 힘이 발생하는 덕분이다. 거미도 비슷한 방법을 써서 벽을 기어오른다. 거미는 몸이 대단히 가벼워서 거미와 벽 사이의 약한 전자기적 인력이 거미의 무게를 극복할 만큼 충분히 강하다. 포스트잇도 같은 방식으로 물체 표면에 달라붙는다.

포스트잇 뒷면에 도포된 접착제는 아크릴레이트가 연결된 기다란 분자 사슬로 이루어졌으며, 이 분자 사슬들은 공 형태로 뭉친다. 포스트잇을 다른 물체 표면에 대고 누르면, 뭉친 분자 사슬이 펼쳐지면서 물체 표면에 존재하는 틈을 메운다. 포스트잇 누르기를 멈추면, 접착제 분자 사슬로 코팅된 물체와 접착제 사이에 런던 힘이 강하게 형성된다. 이때 런던 힘은 포스트잇이 물체에 달라붙을 만큼 강하지만, 영원히 달라붙을 수 있을 정도로 강하지는 않다.

포스트잇은 모든 물체에 달라붙지 않는다. 매끄러운 표면은 접착제의 분자 사슬과 맞닿을 표면적이 충분하지 않기 때문이다. 하지만 거친 표면에는 포스트잇이 잘 달라붙는다. 실패한 플라스틱인 슈퍼글루와 실패한 접착제인 포스트잇은 오늘날 각각 25억 달러와 23억 달러의 가치를 지닌다.

환상적인 플라스틱

폴리에텐polyethene(에텐이 IUPAC 정식 명칭이나, 에틸렌ethylene이 널리 쓰인다-옮긴이)은 구조가 단순한 플라스틱 중 하나로, 사슬을 이룬 탄소 원자에 수소 원자 두 개가 96쪽의 그림과 같이 결합되어 있다.

폴리에텐은 튼튼하고 쉽게 분해되지 않아 수백 년간 생태계에 남아 있는 탓에 각종 환경 문제를 일으킨다고 알려져 있다. 따라서 현재 많은 사람이 폴리에텐 사용량을 줄이려 노력하고 있지만, 지난 수십 년 동안 폴리에텐은 전 세계에서 사랑받는 플라스틱이었다(아마도 폴리실록산silicone에 뒤이어 두 번째일 것이다). 폴리에텐은 우연히 발견된 플라스틱이었다. 그것도 세 번씩이나.

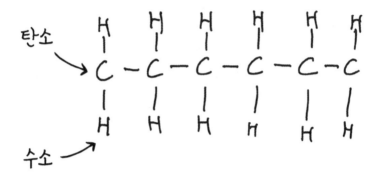

1894년 독일 화학자 한스 폰 페히만Hans von Pechmann은 다이아조 메테인diazomethane이라는 새로운 화학 물질을 발견했다. 다이아조메테인은 노란색 기체 물질로 생명에 치명적이며 에터ether를 합성하는 과정에 쓰인다. 그런데 페히만이 다이아조메테인을 용액에 녹이자, 성가시게도 작고 하얀 조각들이 생성되었다.

페히만은 화학자 친구 E. 힌더만E. Hindermann(친구의 정확한 이름은 역사에서 사라졌다)에게 편지를 쓰면서 발견한 하얀 조각들에 관해 이야기했고, 힌더만은 놀라운 내용이 담긴 답장을 보냈다. 페히만과 같은 조각을 발견했다는 내용이었다! 다이아조메테인을 용액에 녹이면 성가신 하얀색 침전물이 생성되었다.

두 화학자는 다이아조메테인에 관심이 있었으므로 하얀 침전물을 부산물로 여기며 무시했고, 역사상 가장 널리 사용된 플라스틱을 독자적으로 합성한 뒤 폐기했다는 사실을 깨닫지 못했다.[26]

세 번째 우연한 발견은 1933년 레지널드 깁슨Reginald Gibson과 에릭 포셋Eric Fawcett이 체셔에 설립된 임페리얼케미컬인더스트리스Imperial Chemical Industries에서 에텐Ethene이라는 간단한 화학 물질을 연구하던 중 일어났다(에텐은 국제순수·응용화학연합IUPAC이 정한 정식 명칭이며, 흔히 에틸렌이라는 이름으로 불린다-옮긴이). 에텐은 연결된 탄소 원자 두 개에 수소 원자가 두 개씩 결합해 알파벳 'H' 형태를 띤다.

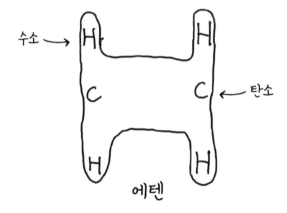

깁슨과 포셋은 새로운 산업용 고분자 물질을 제조하기 위해 에텐과 벤즈알데하이드benzaldehyde를 반응시키려 했다. 3월 24일, 이들

은 두 반응물질을 고압 반응기에 투입한 뒤 주말 내내 휘저어지도록 두고 귀가했다. 그런데 문제가 있었다. 고압 반응기에 장착된 밸브가 새고 있었다. 밸브를 통해 작은 공기 방울이 반응 혼합물로 유입되어 에텐 분자가 불안정해졌고, 그 결과 에텐은 벤즈알데하이드와 결합하는 대신 다른 에텐 분자들과 결합을 이루어 폴리에텐Polyethene 사슬을 형성했다.•

에텐   에텐   폴리에텐

월요일에 실험실로 돌아온 깁슨과 포셋은 고압 반응기가 흰색 물질로 막혀 꼼짝 하지 않는 모습을 발견했다. 밸브 고장을 저주하며 반응기 내부를 청소하려 했지만, 불가능에 가까웠다. 새로 생성된 물질은 튼튼하고 신축성이 우수해서 긁어낼 수 없었기 때문이다.

그해 말 포셋은 고분자화학 관련 학회에서 두 사람이 연구한 결과를 발표했다. 하지만 노벨상을 받은 저명한 독일의 화학자이자 고분

• 산소 분자는 압력과 열을 받으면 불안정한 원자 두 개로 쪼개지며, 이러한 원자를 자유 라디칼free radical이라고 한다. 자유 라디칼은 에텐 분자 내 이중결합을 깨뜨려 에텐 간 반응을 일으킨다.

자 전문가인 헤르만 슈타우딩거Hermann Staudinger를 비롯한 모든 학자가 포셋의 주장을 믿지 않았다. 포셋과 깁슨이 에텐을 고분자로 만들었을 리 없고, 설령 만들었다 하더라도 그 고분자를 어디에 쓸 수 있을까?

포셋과 깁슨의 주장이 진지하게 받아들여지기 시작한 시점은 그로부터 2년 뒤였다. 제2차 세계대전이 발발한 뒤에는 폴리에텐이 레이더radar 제조에 쓰였다. 그전까지 레이더는 부피가 크고 무거워서 전투기에 설치하기에는 알맞지 않았다. 그런데 가볍고 단열 성능이 뛰어난 폴리에텐이 발명된 덕분에 영국은 레이더를 공군에 배치해 나치의 유보트U-boat 위치를 파악할 수 있었다.

연합군은 레이더를 활용하여 강력한 우위를 차지할 수 있었다. 히틀러의 뒤를 이어 잠시 후계자 자리에 오른 카를 되니츠Karl Dönitz가 영국 레이더의 성능이 너무도 뛰어나서 나치의 패배가 우려된다고 한탄할 정도였다.[27] 포셋과 깁슨이 폴리에텐을 발견했다는 주장을 헤르만 슈타우딩거가 진지하게 받아들이지 않은 일은 다행이었는지도 모른다.

건조 시 미끄럼 주의

1938년 미국 화학자 로이 플런킷Roy Plunkett이 발견했듯, 수소 원자가 플루오린 원자로 바뀌어도 아주 비슷한 현상이 일어난다. 플런킷은 탄소 원자 두 개와 플루오린 원자 네 개로 구성된 분자인 테트라플루오로에텐tetrafluoroethene: TFE으로 연구하고 있었다. TFE는 앞서 살펴본 에텐 분자에서 수소 원자 자리에 플루오린 원자가 결합한 분자다.

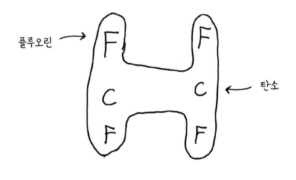

테트라플루오로에텐

플런킷은 철제 용기에 기체 상태인 TFE를 주입한 다음 압력을 가했다. 실제로 그는 고분자 합성과 관련 없는 실험을 수행하고 있었는데, TFE만을 활용해 아주 짧은 순간 열을 제거하는 실험이었다. TFE를 분사하는 가장 간단한 방법은 풍선에 구멍을 뚫었을 때처럼 기체 TFE가 압력을 받아 구멍으로 빠져나오도록 하는 것이었다. 그런데 플런킷과 그의 조수 잭 리복Jack Rebok이 TFE 용기를 실험 장치에 연결하자, TFE가 분사되어 냉각제 역할을 하리라는 기대와 다르게 장치에서는 아무 물질도 나오지 않았다.

처음에 두 사람은 용기에 주입한 TFE가 바닥났다고 생각했지만, 저울을 살펴본 결과로는 그렇지 않았다. 저울 측정값에 따르면 철제 용기는 TFE로 가득 차 있었으나 아무것도 분사되지 않았다. 어찌된 일인지 TFE는 여전히 용기 안에 있었지만, 더는 기체 상태가 아니었다.

플런킷은 수수께끼를 해결하기 위해 쇠톱으로 TFE 용기를 반으로 자르고, 용기 내부를 뒤덮은 흰색 왁스 물질을 발견했다. 밝혀진 바에 따르면, 철은 TFE와 만나면 폴리에텐 합성 반응과 비슷한 연쇄 반응을 일으킨다. 플런킷은 폴리테트라플루오로에텐poly(tetrafluroethene): PTFE이라는 새로운 고분자를 우연히 만들었다.[28]

2장·불운과 실패

폴리테트라플루오로에텐은 폴리에텐과 비슷하지만 한 가지 중요한 차이점이 있었다. 이 새로운 고분자 물질은 악명 높을 정도로 미끄러웠다. 플런킷이 근무한 듀폰DuPont은 그 물질에 테플론Teflon이라는 상표명을 붙였는데, 처음에 사람들은 아주 분명한 이유를 들며 테플론을 웃음거리로 여겼다. 테플론으로 미끄러운 표면을 만들고 싶다면…… 애초에 테플론을 어떻게 물체 표면에 붙여야 할까?

해답은 프랑스 공학자 마르크 그레구아르Marc Grégoire가 찾았다. 그레구아르의 아내 콜레트Colette는 조리 도구에 음식이 달라붙어 괴로워하고 있었다. 그래서 남편에게 프라이팬을 테플론으로 코팅하는 방법을 찾아달라고 부탁했고, 남편은 연구에 착수했다.[29] 무수한 시행착오 끝에 그레구아르가 발견한 해결책은 포스트잇에 접착력을 부여하는 방식과 마찬가지로 약한 인력인 런던 힘을 이용하는 것이었다.

그레구아르는 모든 물질이 다른 물질을 상대로 약한 인력을 형성한다는 점에 착안하여, 프라이팬에 모래를 분사해 표면을 거칠게 만든다는 아이디어를 냈다. 프라이팬 표면에 발생한 미세 균열을 테플론으로 메우면, 늘어난 표면적 덕분에 테플론이 약하게 고정된다.

테플론층은 표면에 화학적으로 결합한 상태가 아니라 약하게 고정된 상태다. 따라서 테플론 코팅 프라이팬은 너무 세게 문지르거나 금속 조리 도구와 함께 사용하면 안 된다. 그랬다가는 테플론층이 곧장 벗겨질 것이다.

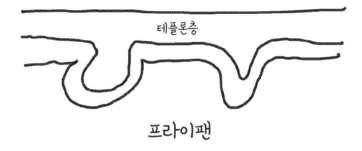

테플론층

프라이팬

골치 아픈 상황

1964년 로버트 윌슨Robert Wilson과 아노 펜지어스Arno Penzias는 뉴
저지 벨전화연구소Bell Telephone Laboratory에 설치된 새로운 장비를 사
용해도 된다고 허가받았다. 이 장비는 거대한 혼Horn 안테나로 길이
15미터에 원뿔형이며 항성이 방출하는 에너지 파동을 포착할 수 있
다. 물론 항성은 가시광선도 다량 방출하지만, 저에너지 방사선이
대기 중 화학 물질과 상호작용을 하지 않아 아무런 방해를 받지 않
고 대기를 통과한다는 점에서 연구에 유용하다.

윌슨과 펜지어스는 은하수를 구성하는 항성이 방출하는 에너지에
특히 관심이 많았다. 그런데 안테나가 수신한 신호를 판독하기 시작
하고 뭔가 이상한 점을 발견했다. 160.2기가헤르츠(GHz) 영역에서
수상한 에너지 신호가 큰 간섭을 일으키고 있었다.

항성은 대개 2.7기가헤르츠 영역에서 에너지를 방출하므로,

160.2기가헤르츠는 두 사람이 기대한 값이 아니었다. 게다가 160.2 기가헤르츠 신호의 강도는 항성이 방출하는 에너지 신호의 강도보다 훨씬 낮았다. 은하수를 구성하는 항성은 우리 바로 '옆'에 있다 (우주 기준으로 설명하자면, 은하수는 한쪽 가장자리에서 반대쪽 가장자리까지 100,000광년 떨어져 있다). 그런데 160.2기가헤르츠 신호는 너무도 희미한 나머지 먼 우주 어딘가에서 오는 것처럼 보였다.

이는 쿵쿵 울리는 저음을 기대하며 음악을 듣는데 쉬익 하는 고음만 희미하게 들리는 상황과 같다. 에너지는 훨씬 높지만, 강도는 약한 무언가가 두 사람의 신호 판독을 방해하고 있었다.

처음에 펜지어스와 윌슨은 인근에 자리한 뉴욕시가 실험 장비를 혼란에 빠뜨리는 게 아닌지 궁금했다. 뉴욕은 전등으로 가득 차 있으니, 혹시 야간 조명 탓은 아닐까? 하지만 이는 간섭을 일으키는 신호가 먼 우주에서 오는 듯 보이는 이유를 설명하지 못했다. 펜지어스와 윌슨이 안테나를 어느 방향으로 돌려도 판독 결과가 동일한 이유 또한 설명할 수 없었다. 안테나를 하늘 위로 돌려도, 지평선의 한쪽 끝에서 다른 쪽 끝으로 돌려도, 심지어 지구를 관통하도록 돌려도 결과는 같았다. 분명한 결론은 혼 안테나 자체에 문제가 있다는 점이었다.

두 사람은 문제를 확인하기 위해 안테나로 가고, 얼마 지나지 않아 범인을 발견했다. 비둘기 두 마리가 안테나 안에 둥지를 틀고 진득한 하얀색 똥을 여기저기 잔뜩 배설한 상태였다.

펜지어스와 윌슨은 비둘기를 포획해 다른 주에 사는 조류 수집가에게 보냈다. 그런데 안타깝게도 두 비둘기는 귀소 본능이 있어 이내 안테나로 되돌아왔다. 결국 펜지어스와 윌슨은 그들이 할 수 있는 유일하고도 타당한 일을 했다. 비둘기를 총으로 쏜 것이다.[30]

하지만 놀랍게도(죄책감도 들었을 것이다) 혼 안테나에 쌓인 비둘기 똥을 깨끗이 치운 뒤에도 신호 간섭은 여전히 남아 있었다. 당황한 펜지어스는 친구이자 프린스턴대학교 교수인 로버트 디키Robert Dicke에게 전화를 걸어 한탄했다. 디키가 침묵하자, 펜지어스는 뭔가 중요한 일이 일어나고 있음을 직감했다.

당시 우주론cosmology 학계는 우주의 기원을 두고 치열하게 논쟁했다. 한 가지 견해인 정상우주론Steady State theory에 따르면, 우주는 늘 같은 형태였다. 물리 법칙은 과거에도 작동했으며 오늘날의 형태를 갖추게 된 특별한 시점은 없었다. 에너지와 물질, 시간과 공간의 기본적인 성질은 모두 불변하며 영원했다.

다른 한 견해이자 훨씬 급진적인 빅뱅Big Bang 우주론에 따르면, 수백억 년 전 우주는 어마어마한 변화를 겪었으며 그러한 과정에서 우주의 성질이 '시작'되었다. 모든 것은 상상할 수 없을 만큼 작은 점으로 압축되어 있었고, 알 수 없는 이유로 팽창하기 시작했다.

빅뱅 우주론은 벨기에 사제이자 물리학자인 조르주 르메트

르Georges Lemaitre가 제안하고, 교황 비오 12세가 지지했다(교황은 빅뱅 우주론을 다소 오해했는데, 우주에는 분명하게 정의된 시작이 있었으며 그러한 시작은 신적인 원인에서 나온다는 내용으로 해석했다).[31] 그런데 아인슈타인을 포함한 거의 모든 물리학자는 빅뱅 우주론을 터무니없다고 여겼다. '빅뱅'은 이 가설을 비판한 사람들 가운데 한 명인 프레드 호일Fred Hoyle이 조롱을 담아 붙인 이름이었다. 호일은 파티용 케이크에서 소녀가 '꽈광Big Bang!' 소리를 내며 튀어나오듯, 우주가 '펑!' 하고 폭발하며 시작되었다는 아이디어가 우스꽝스럽다고 언급했다.[32]

분명히 밝히자면, 빅뱅(대폭발) 가설은 우주가 폭발음을 내며 폭발했다고 주장하지 않는다. 당시 우주에는 공기가 없었으므로 소리가 나지 않았을 것이다. 게다가 처음에 우주는 지극히 작은 규모로 팽창했겠지만…… '작은 팽창 가설'이라는 이름은 그리 멋있게 들리지 않는다.

빅뱅 우주론은 단순히 시간을 거꾸로 돌리면 우주가 극단적으로 작고 조밀하고 뜨거워서 우리의 물리학으로는 이해할 수 없는 시점에 도달한다고 설명한다.

로버트 디키는 빅뱅 우주론의 몇 안 되는 지지자였다. 디키를 비롯한 몇몇 사람들은 빅뱅 우주론이 사실이라면, 우주는 팽창하기 시작하여 약 38만 년이 흐른 뒤 냉각기를 맞이했으리라 추정했다. 높은 에너지 상태에서 빠르게 움직이며 충돌하던 입자들은 냉각기에는 서로 끌어당기며 에너지를 잃는데, 이때 입자가 잃은 에너지는 오늘날에도 감지할 수 있다. 그 에너지는 희미하고, 아주 멀리서 오는 것처럼 보이며, 우주의 귀에 울리는 소리처럼 모든 방향에서 관측될 것이다.[33]

빅뱅 우주론이 사실이면 모든 방향에서 끊임없이 도달하는 희미한 에너지 파동이 발견되어야 한다. 당시 디키와 그의 연구팀은 그러한 신호를 판독할 수 있으리라 기대되는 장비를 제작하고 있었다. 그런데 펜지어스와 윌슨은 신호를 우연히 발견하고서 우주의 기원을 비둘기 똥으로 착각했다.

신성하지만 비윤리적인 연구

1959년 폴란드계 미국인 심리학자 밀턴 로키치Milton Rokeach는 한 가지 아이디어를 냈다. 자신이 예수 그리스도라고 믿는 사람들을 같은 방에 몰아넣으면 어떻게 될까?

인간을 대상으로 하는 잔인한 실험처럼 들릴 수 있겠으나, 로키치는 조현병schizophrenia 환자의 망상을 치료하고 싶었다. 그가 읽은 로버트 린드너Robert Lindner의 회고록에 따르면, 자신이 성모 마리아라고 믿는 두 여성이 병원 잔디밭에서 만났다. 그중 한 여성은 만남 직후 성모 마리아는 한 명뿐이라고 판단하고, 마침내 자신이 하나님의 어머니가 될 수 없다고 결론지었다. 이로써 망상은 분명 치료되는 듯 보였다.[34]

로키치는 성모 마리아 이야기가 사실이든 아니든(이 이야기의 배경은 다름 아닌 메릴랜드주Maryland로 추정된다), 그러한 접근법을 토대로 조현병을 치료할 수 있는지 확인하고 싶었다. 그래서 망상을 공유하는 환자를 찾기 시작하고, 입실랜티 주립병원에서 자신을 예수라고 믿는 남성 세 명을 발견했다.

로널드 호피Ronald Hoppe와 리처드 '딕' 보니에Richard 'Dick' Bonier라는 대학원생 두 명을 도움을 받아, 로키치는 세 명의 예수를 D-23 병동으로 데려온 다음 이들이 지닌 믿음의 고리를 끊기 위해 파격적인 치료법을 시도했다.

세 사람은 이력이 확연히 달랐다. 레온 가버Leon Gabor는 38세로 조현병 내력이 있는 가정에서 태어나 신앙심이 독실한 어머니 밑에서 성장했다. 레온은 어린 시절 스스로 예수라고 생각하며 어머니에게 자신을 찬양하라고 주장한 뒤 정신병원에 수용되었다.

조지프 카셀Joseph Cassell은 58세로 원래 작가로 활동하다가 20년 전 조현병을 앓기 시작하며 자신이 예수라는 망상에 빠졌다. 클라이드 벤슨Clyde Benson은 70세 노인성 치매 환자로 평생 알코올 중독자로 살다가 노년기에 이르러 자신이 예수라고 믿게 되었다.

1959년 7월 1일, 로키치는 세 남성을 서로에게 소개해 주며 적어도 두 사람은 망상이 치료되기를 바랐지만 뜻대로 되지 않았다. 레온 가버는 출생증명서가 자신이 예수임을 증명한다고 주장했고, 이를 계기로 곧장 세 사람은 누가 진짜 예수인지를 두고 논쟁하기 시작했다.

첫 시도에서 실패한 로키치는 실험을 이어가기로 결심하고, 세 남성이 생활 공간을 공유하며 서로 교류하도록 유도하라고 대학원생들에게 지시했다. 그리고 교수인 본인이 세 명의 예수를 직접 관찰하는 대신, 대학원생들이 하루에 11시간 동안 그들의 행동을 관찰하고 기록하도록 했다. 무려 2년간. 이는 교수의 전형적인 방식이다.

세 명의 예수는 몇 주 동안 분노한 끝에 폭력을 행사했지만, 그런 난폭한 행동으로는 아무것도 증명할 수 없었다. 성경에서 예수는 여러 번 화를 냈으나(마태복음 16장 23절, 마태복음 23장, 마가복음 11장 12~14절, 요한복음 2장 13~22절), 다른 사람이 스스로를 하나님의 아들이라 주장할 때 어떤 반응을 보였을지는 예측하기 어렵다. 성경 기록에 따르면 예수는 자신이 하나님의 아들이라 믿었지만(누가복음 2장 40절, 요한복음 8장 23절), "당신이 아니라, 내가 하나님의 아들이다"라고 주장하는 사람에게 어떻게 반응했는지에 대한 기록은 없다.

이 실험은 비극적 실패였는데, 조현병 환자를 다른 조현병 환자의 망상에 노출해서는 치료할 수 없기 때문이다. 하지만 안타깝게도 로키치는 실패를 수긍하지 않고 더욱 잔인하고 비윤리적인 방향으로 실험 상황을 조정하기 시작했다.

로키치는 메리 루 앤더슨Mary Lou Anderson을 조수로 고용한 다음 레온 가버(세 사람 중에서 가장 의식이 맑고 의사 표현이 또렷한 인물)를 유혹하도록 지시했다. 로키치는 레온이 사랑에 빠지면 망상에서 벗어나라는 권유에 설득당할지 확인하고 싶었다. 사랑하는 여자가 부탁한다면, 그는 의식적으로 망상을 버릴 수 있을까?

레온은 안타깝게도 로키치가 바랐듯 메리 루에 대한 감정을 키웠지만, 자신이 예수라는 믿음은 버리지 못했다. 이는 분명한 동기와 욕망이 주어지더라도 망상을 떨쳐버릴 수는 없음을 증명하는 듯 보였다. 조현병 환자는 비非조현병 환자와 마찬가지로 자신의 신념을 통제하지 못한다.

마지막에 로키치는 세 명의 예수에게 실험 내용이 언급된 신문 기사를 보여주면서 어떻게 생각하는지 물었다. 조지프와 클라이드는 기사에 등장하는 남성 세 명이 '완전히 미쳤다'고 말하며 웃었다. 하지만 레온은 그 신문 기사가 자신과 친구들을 다루었음을 알아차렸다. 당연히 이를 배신으로 여긴 그는 로키치를 향해 분노하며 환멸을 느꼈다.

그런데 놀라운 일이 일어났다. 세 명의 예수는 각각 나머지 두 사람이 정신병을 앓고 있으니, 두 사람의 믿음에 맞장구쳐 주는 게 친절을 베푸는 일이라 생각했다. 세 남성은 제각각 자신이 진정한 예수라고 믿는 동시에, 나머지 두 사람을 동정하며 그들의 믿음도 허용해야 한다고 결론지었다.

이는 예상치 못한 결과였는데, 당시에는 조현병 환자에게 공감 능력이 없다는 통념이 있었기 때문이다. 조현병과 정신병질psychopathy(비정상적 성격 문제로 자신이 고통을 받거나 사회에 해를 입히는 상태 - 옮긴이)은 같은 질환으로 알려져 있었다. 그런데 로키치의 실험은 그렇지 않다는 사실을 보여주었다. 실제로 수개월 뒤 세 명의 예수는 친구가 되어 자발적으로 함께 시간을 보냈고, 심지어 다른 환자와 논쟁할 때면 서로를 옹호했다. 세 남성 가운데 조현병이 치료된 사람은 없었지만, 그들은 자신의 망상 탓에 분노할지 모르는 사람 앞에서 대놓고 망상을 이야기하는 행동을 멈추었다.

로키치의 실험은 우리가 이를 도덕적 관점에서 어떻게 판단하든 간에, 조현병이 선택할 수 있거나 설득될 수 있는 상태가 아님을 명확히 입증했다. 조현병이 정신병질과 동일하지 않다는 사실 또한 증명했다. 폭력적인 조현병 환자는 동정심이 부족한 게 아니라, 세상을 객관적으로 보지 못하는 것뿐이었다. 조현병 환자는 자기 신념을 통제할 수는 없지만 신념의 표현 방식을 통제할 수는 있다.

실험이 진행되는 동안 대학원생 로널드와 리처드는 로키치가 세 남성을 대상으로 악의적인 실험을 한다고 비난하며, 로키치에게 이의를 제기했다. 로키치가 실험 중단을 거부하자 두 대학원생은 일을 그만두었다. 그리고 30년 뒤 로키치는 회고록에서 실험에 대해 언급하며 깊은 유감을 표했다. 로키치는 세 남성의 영적 망상은 치료되지 않았으나, 자신의 망상은 치료되었다고 인정했다. 타인의 삶에 간섭하는 신적 권리가 자신에게 있다는 믿음을 버리게 된 것이다.[35]

3장

놀라움

놀라움은 삶이 우리에게 주는 가장 큰 선물이다.

보리스 파스테르나크 Boris Pasternak

우리는 세상이 무척 놀랍다는 사실을 발견했다.

존 폴킹혼 John Polkinghorne

놀랍군.

장난의 신 로키 Loki

여우 농장

다윈의 진화론은 자존심 강한 생물학을 지지하는 토대이지만, 수백만 년에 걸쳐 진행된 과정을 다루고 있다. 따라서 특정 형질이 선호되는 이유를 밝히는 실험은 수행 불가능하므로, 진화가 왜 그러한 방식으로 일어났는지 밝히려면 추측에 의존해야 한다. 애초에 다윈의 진화론을 받아들이지 않는 비과학자들도 상당수 존재한다는 사실은 말할 것도 없다.

진화론에 관한 논쟁은 대개 주관적 의견에 기반한다. 1950년대에 생물학자 트로핌 리센코Trofim Lysenko는 유전 형질이 디옥시리보 핵산Deoxyribo nucleic acid: DNA(생물의 유전 정보를 담고 있는 화학 물질-옮긴이) 돌연변이가 아닌 환경에 영향받은 결과라는 신뢰할 수 없는 가설을

지지했고, 그 결과 러시아 경제는 황폐해졌다.

솔직히 말해, 매우 느슨한 의미에서 환경의 영향을 받아 '유전'되는 형질은 몇 가지 존재한다. 예컨대 어머니가 임신 중에 스트레스에 노출되면, 자궁에서 딸의 뇌가 발달하는 과정에 영향을 줄 수 있다. 그러면 딸은 태아기의 환경에 영향받아 불안이 높은 성인으로 성장하고, 이러한 딸이 임신하면 불안이 높은 자신의 특성을 딸에게 물려줄 수 있다. 이처럼 환경이 유전자 발현에 미치는 영향을 탐구하는 과학의 한 분야로 후성유전학epigenetics이 있다. 그런데 착각해서는 안 된다. 생물의 특성을 결정하는 주요 요인은 여전히 유전자다. 환경이 DNA 발현 방식을 결정할 수는 있지만, DNA 자체는 다윈이 제시한 돌연변이를 통해서만 변화한다.

하지만 리센코는 부모의 삶을 변화시키면 자손의 유전적 특성을 조절할 수 있다고 믿었다. 가령 부모 쥐의 꼬리를 잘라내면 자손 쥐는 꼬리 없이 태어날 가능성이 높아진다는 식이었다. 이러한 리센코의 아이디어는 뒷받침하는 증거가 없지만, 스탈린 독재 정권에서 큰 지지를 얻었다.

이러한 일이 발생한 이유는 다양하게 설명할 수 있다. 리센코는 가난한 농민 집안에서 태어났고, 가난한 아이가 성장해 러시아 농업을 구원한다는 그의 아이디어는 노동자가 중산 계급에 맞서 투쟁한다는 마르크스주의 사상에 잘 부합했다. 리센코의 신념은 또한 사회

통제를 통해 인간을 조정하려는 스탈린주의와도 일치했을 것이다. 어쩌면 단순히 스탈린이 리센코의 진화론 접근법을 선호하여 쉽게 받아들였을 수도 있다.[1]

아무튼 소련에서는 유전자가 진화를 이끈다는 주장이 궁극적으로 금지되었다. 다윈의 진화론을 신뢰하는 과학자들이 유전학이라는 자본가적 이념을 옹호했다는 이유로 체포될 정도였다.

다윈의 진화론을 신뢰한다는 이유로 직장을 잃은 유명 과학자로 드미트리 벨랴예프Dmitri Belyayev가 있다. 벨랴예프는 조국에서 일어나는 정보 탄압에 경악했다. 그래서 다윈의 진화론은 제대로 성립할 뿐만 아니라 유전자 돌연변이와 자연선택을 바탕으로 작동한다는 사실을 증명하기로 했다.

벨랴예프는 생태학자 류드밀라 트루트Lyudmila Trut와 팀을 이루어 간단하고도 기발한 실험을 고안했다. 두 사람은 야생 은여우를 잡아 통제된 환경에 넣고 특정 은여우 개체만 번식시키기로 했다. 다윈의 진화론이 옳다면 두 사람이 선택한 개체의 형질이 새끼 은여우들 사이에 널리 퍼질 것이며, 이는 유전자가 진화를 이끈다는 개념을 증명할 것이다. 그리고 두 사람은 다윈 진화론의 폭넓은 영향력을 입증하기 위해 은여우의 신체적 형질보다 행동적 형질, 즉 친화력에 초점을 맞추기로 했다.

이들의 실험은 1952년 트루트가 은여우 130마리를 선별하고 에스토니아에 사육 농장을 구축하며 시작되었다. 은여우는 우연히 길들지 않도록 인간과의 접촉이 차단되었고, 연구진은 멀리 떨어져 숨어서 은여우를 관찰하며 친화력을 파악했다. 벨랴예프와 트루트가 간혹 다가갈 때 물려고 하는 은여우는 번식에서 제외되었고, 한층 온순해 보이는 은여우는 번식이 허용되었다.

1세대가 낳은 새끼 은여우들도 친화력 등을 기준으로 동일한 선별 과정을 거쳤다. 다윈이 옳다면, 친화력은 결국 은여우의 유전 형질이 될 것이다. 그러면 은여우는 외부에서 따로 훈련받지 않아도 자연히 '길든' 동물이 된다.

실험은 완벽히 성공했고, 은여우는 단 10세대 만에 온순해져 인간이 가까이 다가가기 쉬워졌다. 벨랴예프와 트루트는 진화가 유전학을 기반으로 작동할 뿐만 아니라, 행동 형질이 자연 과정을 거치며 선택될 수 있음을 입증했다. 그런데 이러한 결과는 모든 상식적인 생물학자가 이미 알고 있던 사실을 재확인한 것에 불과했다. 진정 놀라운 발견은 은여우에게 일어난 다른 현상이었다.

1969년까지 벨랴예프와 트루트는 새로운 유형의 은여우를 성공적으로 번식시켰다. 그런데 은여우는 행동만 변화한 게 아니었다. 해부학적 구조도 바뀌었다. 불과 17년 만에 새로운 세대의 은여우는 귀가 접히고, 꼬리가 둥글게 말리며, 주둥이가 둥글어졌다. 또한 다리는 더욱 짧아지고, 털색은 얼룩덜룩해졌다. 심지어 부신 adrenal gland

크기도 작아졌다.

의도치 않게, 벨랴예프와 트루트는 야생 은여우를 가축화된 개와 신체적 특징(즉 유전자)을 공유하는 동물로 변화시켰다.[2]

첫 번째 시사점은 분명했다. 진화는 몹시 빠르게 일어날 수 있다는 점이다. 우리가 은여우를 불과 17년 만에 무서울 만큼 개와 비슷한 동물로 변화시킬 수 있다면, 늑대와 딩고와 여우와 개 그리고 코요테는 모두 같은 생물에서 출발해 수백 만년에 걸쳐 분화되었다고 보는 게 합리적이다. 수천만 년 전으로 거슬러 올라가면, 이러한 갯과科 동물은 곰, 판다, 아메리카너구리raccoon에서 분화되었을지 모른다. 수십억 년이라는 시간이 주어지면, 다윈의 진화론은 타당할 뿐만 아니라 당연해진다.

두 번째 시사점은, 진화는 점진적으로 진행되다가 적당한 조건이 되면 도약할 수 있다는 것이다. 초기 진화론에서는 유전자가 다른 경쟁 유전자를 능가하는 속도가 일정하다고 봤다.

이 아이디어는 '점진주의'라고 불리며, 진화론 반대론자는 흔히 진화론을 반박하는 근거로 점진주의를 제시한다. 화석 기록에는 생물이 진화하다가 돌연 급격한 변화를 겪는 도약 지점이 무수히 존재한다. 진화론 반대론자는 그런 급격한 변화가 자연에서 발생할 수 없으며, 따라서 진화론은 틀렸다고 주장한다.

하지만 벨랴예프와 트루트의 실험은 점진주의에 문제가 있음을 드러냈다. 진화의 '정상 속도'보다 더욱 빠른 속도로 순식간에 큰 변화가 일어나는 현상은 분명 가능했다. 이처럼 진화를 설명하는 새로운 방식은 단속 평형이론punctuated equilibrium이라 불리며, 극단적이거나 독특한 환경에서는 진화의 속도가 실제로 빨라질 수 있다는 점을 알렸다.

세 번째 시사점이자 가장 놀라운 발견은, 생물종에서 한 가지 형질을 선택하는 것이 서로 관련 없어 보이는 다른 형질에 영향을 준다는 점이다.

처음에 다윈은 생물이 지닌 모든 특성은 과거에 생물종이 적응한 결과라고 생각했다. 진화는 도움이 되지 않는 한 유전자를 선택하지 않으므로, 동물이 지닌 모든 특성은 틀림없이 과거에 유전자가 벌인 투쟁에서 나온 유산이었다.

이러한 현상의 작동 방식을 설명하는 사례를 보자. 남성이 노년기에 대머리가 되는 이유를 설명한다고 가정하자. 우리는 대머리가 남성에게 주는 이점을 떠올려야 한다. 이렇게 설명하면 어떨까? 머리에 머리카락이 있으면 햇빛에서 두피를 보호할 수 있다. 남성은 나이가 들수록 젊은 여성에게 매력이 떨어져 보이며 젊은 남성과의 경쟁에서 뒤처진다. 그런데 머리카락이 빠지면 두피가 손상될 가능성이 커진다. 이는 젊은 여성이 대머리 남성을 동정하도록 유도할 것이다. 그 결과 젊은 여성은 대머리 남성과 긴밀한 유대감을 형성하게 되고, 대머리 남성의 번식 가능성은 상승한다. 억지스럽게 들리는가? 실제로 벨랴예프와 트루트 이전에는 이와 같은 사고방식을 대체할 접근법이 없었다.

두 사람의 실험은 그러한 적응주의 진화 관점에 큰 타격을 줬다. 진화는 다윈이 제시한 원리대로 우수한 형질만 걸러 다음 세대에 전달하는 과정이 아니었다. 때때로 생물의 특징은 다른 진화 현상에서 우연히 비롯한 부산물일 수도 있다.

인체는 단백질을 최소 10만 종 지니지만, 인간 DNA에는 유전자가 약 2만 개 들어 있다(반면 바나나 DNA에는 유전자가 약 3만 6천 개 들어 있다). 인간의 복잡성을 발현하려면 유전자는 일부가 제거된 다음 결합하거나 재조합되어야 하며, 따라서 한 유전자의 돌연변이는 다른 유전자에 의도치 않은 영향을 미친다.

예를 들어 'AR 유전자'는 정자 생산과 근육량에 관여한다. 유전체가 돌연변이를 일으켜 정자가 더 많이 생산되면 근육 또한 더욱 발달하게 된다. 그런데 AR 유전자는 (우연히) 머리카락 성장에도 관여한다. 따라서 정자 생산을 늘리기 위해 유전자 변형을 일으키는 것은 머리카락 성장에 악영향을 준다. 즉, 대머리는 남성에게 이점이 아닐 수 있으며 단순히 더 많은 정자 세포 생산을 위해 지불하는 대가일 수도 있다.[3]

과학자들은 은여우 실험에서 친화력을 기준으로 개체를 선택했지만, 친화력을 높이는 유전자는 또한 뼈와 털의 성장에도 관여하고 있었다. 벨랴예프와 트루트는 다음과 같은 사실을 증명했다.

- 행동은 유전에 영향받는다.
- 진화는 놀라운 속도로 작동할 수 있다.
- 진화는 속도를 바꿀 수 있다.
- 여러 특징이 한 번에 변화할 수 있다.
- 모든 적응이 유익한 것은 아니다.

이는 아마도 20세기 생물학에서 가장 심오한(그리고 가장 귀여운) 실험일 것이다.

쥐의 경쟁

1947년 존 캘훈John Calhoun은 과학 실험용 울타리를 자신의 정원에 세워도 되는지 이웃에게 물었다. 이웃은 캘훈의 의도를 알지 못한 채 동의했고, 캘훈은 곧 1천 제곱미터(대략 테니스 코트 네 개 면적) 정원에 울타리를 치고 임신한 암컷 시궁쥐를 넣었다.

캘훈은 시궁쥐가 성적 자기통제력sexual self-control을 발휘할 수 있느지 궁금했다. 물리적 공간만 고려하면, 그 정도 넓이의 우리는 시궁쥐 5천 마리도 쉽게 수용한다. 그런데 공간 한계에 도달하면 시궁쥐의 개체수는 어떻게 변화할까? 쥐들은 짝짓기를 중단할까?

개체수는 보통 먹이나 물 등에 제한되므로, 캘훈은 시궁쥐가 우리 안을 가득 채울 때까지 계속 번식할 수 있도록 먹이와 물을 풍부히 공급하기로 했다. 하지만 시궁쥐는 속지 않았다. 캘훈이 관찰한 바에 따르면, 시궁쥐의 개체수는 150마리에서 정점을 찍고 그 상태를 유지했다. 어찌된 일인지 쥐들은 자신이 특정 공간 안에 갇혔음을 감지했다. 영양 자원은 충분했지만, 한정된 공간이 쥐의 성욕을 억제했다.

1954년 캘훈은 메릴랜드에 설립된 국립정신건강연구소National Institute of Mental Health에서 근무하고 있었다. 여기서 이전 실험을 재현하기로 결심한 그는 가로 3미터·세로 4미터 크기로 우리를 구축하고, 쥐의 우주 1호 Rat Universe 1라고 이름 붙였다. 이번에도 시궁쥐의 개체수가 특정 숫자에 도달하자, 마치 쥐들이 개체군 밀도 증가를 안다는 듯이 개체수 증가가 멈추었다.

이후 20년 동안 캘훈은 실험을 조금씩 변화시키며 쥐의 우주 24호까지 반복하고, 매 실험에서 같은 결과를 얻었다. 쥐의 개체수는 어떤 자원이 제공되더라도 공간이 한정되어 있으면 특정 숫자에 도달한 뒤 증가를 멈춘다는 결과다.

그래서 캘훈은 쥐의 우주 25호에서 실험 조건을 극단적으로 조정하기로 마음먹고, 쥐를 위한 도시를 세웠다(그리고 시궁쥐보다 몸집이 작은 생쥐로 실험했다). 그는 높이가 1.5미터이고 내부 공간이 방 여러 개로 나뉜 우리 16개를 지어 소규모 도시를 구축했다. 도시는 쥐들이 모이는 중앙 광장이 있고, 온도가 일정하고, 먹이와 신선한 물과 둥지를 짓는 데 필요한 재료가 풍족하게 공급되며, 질병이 전혀 없었다. 생쥐 도시는 유토피아였다.

생쥐 개체수는 2개월마다 2배씩 늘어 2,000마리를 넘어섰고, 그 시점부터 숫자가 일정하게 유지되기 시작했다. 여기까지는 예상한 결과였지만 이후 변화가 서서히 찾아왔다. 불안한 변화였다.

생쥐들 사이에 폭력이 발생하기 시작했다. 이후 격렬한 과잉성애hyper-sexuality의 시기가 이어지다가 결국 짝짓기에 무관심한 무성애asexuality의 시기로 발전하고, 생쥐 거주민 대부분은 짝짓기를 시도하지 않게 되었다.

생쥐가 과밀한 개체수를 감지하고 미친 듯이 번식하는 현상은 예상할 수 있었다(생쥐들은 아마도 짝짓기를 멈추기 전에 유전자를 이어가고 싶은 충동을 느꼈을 것이다). 그런데 설명 불가능한 다른 현상이 일어났다. 임신율이 무려 96퍼센트 낮아졌다. 그뿐만 아니라 어미가 새끼를 공격하고 동족 포식이 생존 수단으로 자리 잡으며, 생쥐 도시는 절망과 비탄이 뒤섞인 타락한 디스토피아적 혼란에 빠졌다. 기본적으로 영국 도시 리즈Leeds와 같았다.

캘훈의 생쥐는 대부분 감정 없이 온순한 상태로 도시의 중앙 광장에 좀비처럼 앉아 먹이가 도착하기를 기다리다가, 이따금 다른 개체와 싸움을 일으켰다.

더욱 놀라운 사실은 덩치 큰 수컷들이 우리에서 방 여러 칸을 차지하며 넓은 공간을 자기 영역으로 삼았다는 점이었다. 이러한 수컷 생쥐 무리는 자기 영역에 암컷 무리를 두었고, 암컷들은 털을 손질하며 시간을 보내다 강한 수컷과 짝짓기할 때만 움직였다.[4]

인간 도시에서도 그와 유사한 현상이 일어났다. 인구가 과밀해질수록 사회 친화적 행동은 사라지고, 무관심이 증가하고, 유아 사망률이 상승하며, 일부다처제가 퍼졌다. 그런데 실험에서 가장 흥미로운 현상은 실험 시작 전부터 이미 우세했던 수컷 쥐들이 마지막까지 무리에서 우두머리 행동을 보였다는 점이다.

캘훈이 진행한 실험은 개체수 과밀화가 스트레스로 이어져 온갖 불쾌한 현상을 확대한다는 점을 시사했다. 좁은 구역에 많은 생물을 몰아넣으면 유토피아적 균형은 이루어지지 않는다. 일부 사람들에게 그의 실험은 도시에 인구를 몰아넣으면 일어나게 될 현상을 알리는 엄중한 경고였다. 하지만 다른 일부 사람들은 생쥐 도시와 인간 도시가 유사하지 않다고 보았다. 간단히 말해, 인간은 생쥐가 아니기 때문이다.

브루스 알렉산더Bruce Alexander는 환경이 행동에 미치는 영향을 알아보기 위해 비슷한 실험을 수행했다. 알렉산더와 캘훈의 실험을 비교해 보자. 1978년 실험에서 알렉산더는 시궁쥐에게 모르핀이 첨가된 물과 설탕이 첨가된 물을 마시는 선택권을 줬다. 그런 다음 시궁쥐 한 무리는 평범한 실험용 우리에 넣고, 나머지 한 무리는 쥐토피아rat-topia에 넣었다.

알렉산더는 쥐토피아를 쥐 공원Rat Park이라 이름 붙이고, 생존 필수품뿐만 아니라 사치품도 제공했다. 쥐 공원에는 먹이와 물, 발열 전등, 둥지 재료, 넓은 공간(평범한 우리보다 200배 넘게 넓음), 놀이용 공, 벽 장식이 마련되었다. 그는 쥐 공원에 사는 시궁쥐들이 일반적인 실험용 우리에 사는 시궁쥐보다 모르핀에 적게 의존한다는 사실을 발견했다.

알렉산더의 실험은 시궁쥐가 과학 연구에 빈번히 활용되었지만, 쥐를 실험용 우리에 넣는 관행 자체가 쥐에게 비전형적인 행동을 일으킬 가능성이 있음을 보여주기 위해 고안되었다.[5] 이와 더불어 약물 중독에 대한 민감성과 환경 사이에 상관관계가 존재할 가능성을 암시하기도 했다.

도움이 되는 곤충

조현병은 현실과 허구를 구분하지 못하고, 정보를 머릿속에서 논리적 순서로 정리하는 데 어려움을 겪는 치명적인 질환이다. 중증 조현병은 인구 300명당 1명꼴로 발병하며, 치료하지 않고 방치하면 환자가 정상적인 생활을 하지 못하게 된다.

조현병의 원인은 밝혀지지 않았지만, 오늘날 우리가 아는 조현병 관련 지식은 약물과 거미 그리고 다량의 소변과 관련된 일련의 실험에서 나왔다. 이 이야기는 불운하게도 페터Peter, 한스 페터Hans-Peter, 한스 페터스Hans Peters라는 이름의 세 과학자를 중심으로 전개되므로 혼란스러울 수 있다. 그럼, 이야기를 시작하겠다.

첫 번째 페터는 1918년 태어난 페터 비트Peter Witt로, 1944년 당시 독일 약물약리학 분야에서 손꼽히는 전문가였다. 제2차 세계대전 이후 미군에 채용되어 히틀러의 의료 기록을 분석하고, 히틀러가 자살하기 전 벙커에서 약물을 복용했는지 확인하기도 했다(그는 약물을 하루에 100번 넘게 복용했다).[6]

비트의 인생은 튀빙겐대학교 동료이자 거미 연구자인 한스 페터스와 가까워지며 뜻밖의 전환점을 맞이했다. 한스 페터스는 거미가 거미줄을 짜는 모습을 관찰하고 싶었지만, 거미가 눈치 없이 한밤중에 거미줄을 짠다는 사실에 좌절하고 있었다. 한스는 거미에게 자극

제나 수면제를 투여해 거미가 낮에 활동하도록 일상 주기를 조절할 수 있는지 비트에게 물었다. 비트는 설탕물에 약물을 녹여 거미에게 먹이고 어떤 현상이 일어나는지 확인한다는 아이디어를 냈다.

비트가 거미에게 스트리크닌strychnine, 모르핀, 메스암페타민methamphetamine(세 약물은 각각 각성제, 진정제, 각성제로 쓰인다 - 옮긴이)을 투약했지만 거미의 일상 주기는 바뀌지 않았고, 한스 페터스는 일찍 일어나 거미를 관찰해야만 했다. 그런데 예상치 못한 결과가 페터 비트의 호기심을 자극했다. 거미에게 약물을 투약하자, 거미줄의 형태가 바뀐 것이다.

평상시 동물이 늘 수학적으로 측정 가능한 행동을 하는 것은 아니므로, 동물에 투약한 약물의 효과를 정확하게 평가하기는 어렵다. 하지만 거미줄의 각도와 교차점, 거미줄 가닥 사이의 거리 등 거미줄의 특징은 쉽게 정량화된다. 그러한 덕분에 비트는 약물이 거미의 신경계에 미친 영향을 숫자로 측정할 수 있었다.[7]

1952년 비트는 노스캐롤라이나에 설립된 롤리정신건강연구부Raleigh Mental Health research department에서 근무하며 10년 동안 왕거밋과orb web spider에 속하는 거미들에게 약물을 투약했다. 당시 사용한 약물로 메스칼린mescaline(환각제로 쓰인다 - 옮긴이), 환각 버섯, 코카인, 카페인, 발륨Valium(신경안정제 디아제팜Diazepam의 상표명이다 - 옮긴이), 마리화나, LSD 등이 있으며, 알코올은 거미가 맛에 관심을 보이지 않아 먹이지 못했다.

비트가 내린 결론에 따르면, 거미는 '약물을 좋아하고' 섭취 약물은 거미줄을 치는 거미의 능력에 큰 변화를 일으켰다.[8] 이러한 비트의 연구 성과는 완전히 뜬금없고 쓸모없어 보였을 것이다. 조현병 원인과 관련된 주요 논쟁을 해결하는 과정에 비트의 연구가 활용되기 전까지 말이다.

당시 조현병은 뇌에서 환각성 화학 물질이 생성된 결과로 설명되었다. 즉, 조현병 환자는 뇌 내부에서 자연히 LSD가 생성된다는 것이다.

약물 전문가 한스 페터 리더Hans-Peter Rieder는 실제로 조현병 환자의 체내에서 환각성 화학 물질이 생성되는지 확인하기 위해 비트의 연구 방식을 활용했다. 비트는 거미줄의 형태를 관찰하면 환각 물질을 탐지할 수 있음을 입증했다. 이를 토대로 한스 페터는 조현병 환자의 소변을 50리터 모아 거미에게 먹이고 거미줄에 변화가 일어나는지 관찰했다.

한스 페터는 거미가 인간의 소변 맛을 특별히 좋아하지 않으며, 조현병 환자의 소변을 섭취해도 거미줄에 변화가 일어나지 않는다는 점을 발견했다. 이는 조현병이 체내에서 자연히 생성된 환각 물질 때문에 발병하는 질병이 아님을 의미한다.[9]

도움이 되지 않는 곤충

무언가가 신체를 다치게 하면, 통각수용기nociceptor라는 통증 감지기가 C섬유신경세포(둔하고 쑤시는 통증) 또는 A섬유 신경세포(날카롭게 찌르는 통증)를 통해 뇌로 신호를 보낸다. 사람들은 오랫동안 통증을 수치로 분류하려 시도했고, 가장 널리 활용되는 통증의 척도는 미국 곤충학자 저스틴 슈미트Justin Schmidt가 우연히 제시했다.

1984년 슈미트는 동료인 머리 블룸Murray Blum, 윌리엄 오버올William Overal과 함께 말벌과 벌, 개미의 독에서 발견되는 화학 물질인 용혈소hemolysin를 연구했다. 용혈소는 혈구를 파괴하므로, 슈미트는 곤충 독이 함유한 용혈소의 양과 곤충 독이 보이는 독성 사이에 상관관계가 있는지 알고 싶었다. 슈미트의 논문에 따르면 그러한 상관관계는 존재하지 않았지만, 다른 내용이 많은 사람의 관심을 끌었다. 슈미트는 다양한 곤충에서 독을 뽑는 동안 여러 번 침에 쏘였고, 침이 유발하는 통증이 어느 정도 일정하다는 점을 발견했다. 실제로 그가 쏘인 침은 크게 네 가지 등급에 속했다.

슈미트는 곤충 침을 0~4등급까지의 척도로 평가하고, 해당 내용을 완성된 논문에 보충했다.[10] 슈미트가 제시한 통증 척도(그리고 통증에 대한 그의 개인적인 느낌)는 다음과 같다.

0등급: 통증이 거의 없음 – 침이 피부를 뚫지 못한다(대왕땀벌giant sweat bee, 왜알락꽃벌cuckoo bee, 곤봉뿔말벌club-horned wasp).

1등급: 가볍고 경미하며 사소한 통증 – 가벼운 정전기에서 느끼는 충격과 비슷하다(붉은불개미red fire ant, 열대불개미tropical fire ant, 남부불개미southern fire ant).

2등급: 고통스러운 통증 – 담뱃불을 혀에 대고 문질러 끌 때와 같은 통증이다(꿀벌, 엉겅퀴갓털개미벌glorious velvet ant, 큰열대흑개미large tropical black ant, 서부땅벌western yellow-jacket).

3등급: 날카롭고 심각한 통증 – 손톱이 낀 상태로 쥐덫이 쾅 달렸을 때와 같은 통증이다(고리쌍살벌ringed paper wasp, 소잡이벌cow-killer velvet ant, 수확개미harvester ant).

4등급: 대단히 충격적인 통증.

4등급을 받은 유일한 곤충은 남아메리카에 서식하는 총알개미bullet ant, Paraponera clavata였다. 슈미트는 총알개미에 쏘인 통증을 '발뒤꿈치에 길이 8센티미터짜리 못이 박힌 채 벌겋게 달아오른 숯불 위를 걷는 듯한 순수하고 강렬하며 선명한 고통'이라고 묘사했다.[11] 이 통증은 4시간 동안 끊임없이 이어지다가 '극심한 통증'으로 둔해진 다음 24시간 지속되었다. 그 시간 동안 슈미트는 마비, 떨림, 환각에 시달리고 혈변을 보았다.

슈미트가 제안한 통증 척도는 무척 단순한데, 그런 단순함이 강점이었다. 다른 통증 척도도 존재하긴 했지만 지나치게 정밀하다는 점이 문제였다. 이를테면 통증 3.4등급과 3.5등급을 어떻게 구분할 수 있을까?

슈미트의 통증 척도는 쉽게 구분할 수 있고 모든 사람이 동의할 만한 네 가지 등급으로 단순화되었다. 통증의 정확한 측정값은 사람마다 다르지만, 많은 사람이 대략 네 등급으로 통증을 인식하는 듯 보인다. 슈미트의 통증 척도는 인기를 끌었고, 이듬해 과학자 크리스토퍼 스타Christopher Starr는 통증 수치를 표준화하는 방식을 간추려 설명했다.

첫째, 건강한 성인 관찰자가 통증 수치를 보고해야 한다. 둘째, 단한 번 곤충에 쏘인 결과를 기준으로 순위를 매겨서는 안 된다. 그리고 가장 중요한 셋째, 곤충의 자유로운 공격으로 침에 쏘인 결과를 보고하는 것이 의도적으로 곤충 침에 쏘인 결과를 보고하는 것보다 바람직하다. 하지만 크리스토퍼는 "우리가 특별히 관심이 있는 곤충 종에게 늘 공격당할 만큼 운이 좋지는 않다"라고 언급하며, 때로는 고의로 침에 쏘여야 한다고 인정했다.[12]

슈미트는 통증 척도를 고안한 이후, 통증 '4등급'에 해당하는 곤충을 단 네 종 발견했다. 첫 번째는 전사말벌warrior was(전사말벌은 슈미트의 이마에 침을 쏘았다), 두 번째와 세 번째는 타란툴라대모벌에 속하는 두 가지 종 tarantula hawk wasp(학명이 펩시스 그로사Pepsis grossa)와 펩시스 티스베Pepsis thisbe로, 슈미트는 이들에게 여러 번 쏘였다), 네 번째는 그가 여전히 최악으로 여기는 총알개미다.

총알개미는 브라질 열대우림에 사는 사테레 마웨Satere-Mawe 부족의 성인식에 사용된다. 성인식에서 청년은 안감에 총알개미를 넣어 만든 장갑을 껴야 한다(총알개미의 침이 장갑 안쪽을 향한다). 청년은 5분간 장갑을 끼고 고통을 견뎌야 하며, 이 의식을 스무 번 완료해야 성인으로 인정받는다.

슈미트는 96종이 넘는 곤충의 침을 분류하고 1,000번 넘게 곤충 침에 쏘였으며, 그 경험을 저서 《스팅, 자연의 따끔한 맛The Sting of the Wild》에 목록으로 작성했다.[13] 운 좋게도 슈미트는 대부분 곤충 침에 자연히 쏘이고 '현장에서 통증 수치를 매겼다'. 그런데 '침에 자연히 쏘이지 못한 예외적 상황에서는 곤충이 팔뚝 옆면을 공격하도록 유도하며 고의로 침에 쏘였다'.[14]

충격

신경세포는 우리 몸이 받아들인 감각 정보를 뇌로 전달할 때 사용되고, 반대로 뇌(뇌 자체도 신경세포로 구성되었다)에서 신호를 보내 근육을 움직일 때도 사용된다. 근육의 모든 움직임이 전기 신호로 발생한다는 사실은 1790년대에 이탈리아 물리학자 루이지 갈바니Luigi Galvani가 우연히 발견했다.

갈바니는 개구리 다리를 놋쇠 갈고리에 꿰어 정원의 철제 난간에 매달고(그가 이런 행동을 한 이유를 깊이 궁금해하지 말자), 번개가 칠 때 개구리 다리에 어떤 현상이 일어나는지 관찰하고 있었다(1790년대는 살기 좋은 시대였다).

갈바니와 그의 조수는 라이덴병Leyden jar(전기충격기 테이저TASER의 초기 형태)과 관련된 다른 실험도 수행하며 전하를 띤 수술칼을 사용했다. 그러던 중 갈바니의 조수가 수술칼을 쥔 손으로 개구리 다리가 매달린 철제 난간을 무심코 건드렸고, 두 사람은 개구리 다리가 경련을 일으키는 놀라운 현상을 발견했다.[15]

이는 번개가 일으킨 현상이 아니었으며, 더욱 중요한 사실은 전하가 개구리 다리에 직접 닿지 않았다는 점이었다. 겉으로 보기에는 철제 난간에 가해진 전기 충격이 놋쇠 갈고리를 거쳐 개구리 다리로 전달되어, 전하가 직접 닿지 않았는데도 개구리 다리가 움직인 것 같았다.

갈바니의 조수가 발견한 현상에 따르면, 근육에 발생하는 전기 경련은 번개의 단순한 부수 효과가 아니었다. 전기는 근육을 움직이게 하는 직접적인 수단이었다. 갈바니는 근육에 '동물 전기animal electricity'라는 유체가 흐른다는 아이디어를 제안했다. 그의 아이디어는 사실과 달랐지만, 올바른 방향으로 나아가고 있었다. 그로부터 몇 년 뒤 이탈리아의 또 다른 위대한 과학자 알레산드로 볼타Alessandro Volta의 연구 덕분에 마침내 정확한 원리가 밝혀졌다.

신경세포의 머리 부분은 소금물로 가득 차 있고, 이 부분을 구성하는 막의 구멍이 열리거나 닫히면 소금물 농도가 변한다. 소금 입자는 약한 전하를 띠므로, 소금물 농도가 변하면 신경세포 막의 양쪽에서 전하 불균형이 발생한다. 이처럼 두 지점 사이에 발생한 전하 불균형을 '전압voltage'이라 한다. 따라서 신경세포의 전압은 세포 안팎으로 드나드는 소금물로 조절되며, 전압 변화는 신경세포의 길이 방향으로 전달되어 근육이 우리가 원하는 대로 움직이게 한다.

1803년 이탈리아 물리학자 조반니 알디니Giovanni Aldini는 갈바니의 발견에서 한 걸음 나아가, 살인자 조지 포스터George Forster의 처형된 시체를 움직이기 위해 전기 충격을 가했다. 알디니는 개구리뿐만 아니라 인간도 전기로 움직인다는 사실을 입증했다. 우리가 몸을 움직이는 능력은 초자연적 현상이 아니다. 생물물리학일 뿐이다.[16]

이러한 실험은 시인 바이런Lord Byron과 그의 친구들(여기에는 젊은 시절의 메리 셸리Mary Shelley도 포함된다)이 일상적으로 토론한 주제였다.[17] 1815년 독일에서 휴가를 보내는 동안 오데발트산맥 기슭에 자리한 프랑켄슈타인 성에서 수 킬로미터 떨어진 지역에 머무른 바이런 경은 친구들에게 괴담을 한 편씩 써 보자고 제안했다. 이때 전기로 시체를 되살린다는 주제의 공포 소설이 탄생했다. 널리 알려진 대로, 메리 셸리가 해냈다.

숫자가 맞지 않을 때

과학자는 극심한 강박관념에 빠질 수 있다. 이를테면 영국 화학자 존 돌턴John Dalton(18세기 후반에 색맹을 발견했다)은 습지에서 방출되는 기체에 집착하며, 매일 인근 습지를 찾아가 방출된 기체의 온도와 농도를 측정하곤 했다. 돌턴은 또한 40년 동안 기상 패턴을 일기와 기록으로 꼼꼼하게 남겼고, 이는 오늘날 최초이자 가장 철저한 기상학 자료로 손꼽힌다.[18]

숫자에 집착한 과학자들 가운데 내가 가장 좋아하는 인물은 16세기 말 이탈리아에 살았으며 산토리우스 산토리우스Sanctorius Sanctorius라는 독특한 이름을 지닌 과학자다. 그는 갈릴레이Galileo Galilei의 친구이자 베네치아 귀족에게 존경받는 내과 의사였다. 산토리우스는 무엇보다 맥박계, 풍속계, 온도계 그리고 '그네형 화장실 저울'로 밖에 설명할 수 없는 다소 덜 유명한 발명품을 고안한 업적으로 알려져 있다.

산토리우스는 그녀처럼 생긴 거대한 휴대용 저울을 제작해 다양한 상황에서 몸무게를 확인했다. 일할 때, 운동할 때, 성관계할 때, 그리고 밥을 먹고 배설할 때 그녀처럼 매달린 저울에 앉아 체중을 측정했다. 이 일은 30년간 지속되었다. (내 말은 산토리우스가 반평생 변기에 앉아 있었다는 게 아니라, 30년 동안 기록을 남겼다는 의미다.)

산토리우스는 대부분 재미 삼아 체중을 쟀는데(아마 그럴 것이다), 체중의 증가와 감소를 연구하면서 뜻밖의 사실을 발견했다. 그의 몸 속으로 들어가는 음식보다 몸 밖으로 나오는 물질이 적다는 것이다. 실제로 그가 섭취한 음식의 63퍼센트는 몸의 다른 쪽 끝에서 다시 나타나지 않았으며, 이는 음식이 어떻게든 몸에서 흡수되고 있음을 의미했다. 산토리우스의 광적인 숫자 집착은 음식이 소화되어 체내에 흡수된다는 예상치 못한 정보를 최초로 암시했다.[19] 그런데 과학에서 우연히 발견된 가장 유명한 숫자는 산토리우스의 항문이 아닌 천왕성에서 나왔다.

맞아, 나 자신이 자랑스러워

1821년 프랑스 천문학자 알렉시 부바르Alexis Bouvard는 《천문표Astronomical Tables》라는 흥미로운 제목으로 110쪽 분량인 책을 발표했다. 이는 어떤 책이었을까? 간단히 설명하자면, 부바르가 계산한 값을 바탕으로 태양계 행성의 위치를 예측하는 내용이며 그 계산값이 110쪽에 걸쳐 장황하게 나열되었다. 이게 전부다. (《천문표》와 다른 천문학 서적을 비교하고 싶다면, 서점에서 판매 중인 내 책 《천문학 이야기》을 읽어보자. 내 책에는 흥미로운 삽화와 우주를 프링글스에 빗댄 설명이 수록되었다!)

부바르는 《천문표》의 28쪽에 달하는 도입부(그중 17쪽에 걸쳐 표가 실렸다)에서 자신의 계산 방식을 설명한 다음, 토성과 목성과 천왕성의 궤도를 예측하는 숫자만으로 본문을 채웠다.[20]

부바르가 책을 완성하기까지 13년이 걸렸다는 점에서 당시 많은 사람이 부바르의 성과에 깜짝 놀라며 고개를 정중히 끄덕이고는 "물론이죠, 알렉시. 책은 나중에 꼭 읽어볼게요."라고 말했으리라 예상된다. 그러나 놀랍게도 당대 사람들은 책을 처음부터 끝까지 실제로 읽었다. 그뿐만 아니라 자신이 직접 계산한 결과와 《천문표》를 비교했다. 이처럼 계산 결과가 비교되는 동안 부바르는 불안한 점을 발견했다. 자신이 계산한 천왕성 궤도가 틀렸다는 점이다.

부바르는 뉴턴의 중력 법칙을 외계 행성에 적용해 하늘에서 행성이 어디에 있어야 하는지 예측했다. 그런데 천왕성 궤도를 계산한 값은 틀렸다. 그의 방정식이 예측한 대로 천왕성이 궤도를 돌지 않는 까닭에 부바르는 무척 당황했을 것이다. 10년이 넘는 세월에 걸쳐 무언가를 계산하는 동안 사소한 실수를 저질렀음을 깨닫는 것은 악몽과 같다.

부바르는 방정식을 두 번, 세 번, 네 번 검토한 다음 자신은 실수하지 않았다고 결론지었다. 계산 결과는 맞지 않았지만, 그의 방정식은 문제가 없었다. 문제는 행성 자체에 있었다. 과학에서는 관측 데이터에 문제가 있다고 판단되면 이론을 폐기한다. 이는 다음 두 가지 가능성 중 하나가 사실임을 의미한다. 첫째는 뉴턴의 중력 법칙이 틀렸거나(그럴 가능성은 낮다), 둘째는 천왕성을 정상 궤도에서 벗어나게 하는 무언가가 있다는 것이다.

부바르는 천왕성 궤도보다 더 바깥쪽에 다른 행성이 존재하며, 그 행성의 중력이 천왕성을 궤도에서 벗어나게 한다고 예측했다. 그는 여덟 번째 행성이 있다고 확신한 채 세상을 떠났고, 비극적이게도 그가 사망하고 3년이 지나서야 독일 천문학자 요한 갈레Johann Galle 가 해왕성의 존재를 확인했다.[21]

숫자로 가득 채워진 110쪽 분량 책 한 권을 훑어보는 일은 힘들고 지루하게 느껴질 것이다. 그런데 스위스에 설립된 유럽입자물리학 연구소Conseil Européen pour la Recherche Nucléaire: CERN의 대형강입자충돌기Large Hadron Collider: LHC가 데이터를 1초당 1페타바이트씩 생성한다는 사실을 기억하자. 이 막대한 정보를 검토할 방법이 없으므로, LHC 컴퓨터는 생성된 데이터의 99.996퍼센트를 단순하게 삭제한

다.[22]

흥미로운 데이터를 탐색하는 훌륭한 알고리즘이 존재하긴 하지만, LHC가 생성한 데이터에서 0.004퍼센트만 분석하는 것 외에 다른 방법은 없다. 우리가 시간이 부족하다는 이유로 삭제한 데이터에 귀중한 발견이 숨어 있을까? 물론 있을 것이다. 그럼에도 최선의 결과를 얻으려면 데이터 대부분을 천왕성에 밀어 넣는 쪽이 나았을 것이다.

뉴턴의 실제와 다른 무지개

사람들 대부분은 걸작을 남기지 못한다. 그런데 아이작 뉴턴Isaac Newton은 일평생 자신의 탁월한 지성을 꾸준히 발휘하며 걸작 두 편을 남겼다.

뉴턴이 남긴 걸작들(걸작'들'이라는 복수형 단어를 쓰는 것조차 흥미롭다) 가운데 첫 번째는 1687년 출간한 《자연철학의 수학적 원리Philosophiae Naturalis Principia Mathematica》로 운동 법칙과 중력, 궁극적으로 물리학 자체를 정의한 책이다. 그의 두 번째 걸작은 1704년 출간한 《광학Opticks》으로 빛의 물리학을 정의한 책이다.

뉴턴은 《광학》에서 무지개의 원리를 역사상 최초로 정확하게 설명했다. 이는 누구도 해내지 못한 일이었다. 햇빛을 프리즘에 통과시키면 스펙트럼이 나타난다는 사실은 이미 알려져 있었지만, 뉴턴 이전에는 프리즘이 빛줄기에 색을 더한다고 해석했다. 뉴턴은 이러한 해석이 실제 현상과 정반대라는 점을 발견했다.

뉴턴은 무지개를 거꾸로 세운 두 번째 프리즘에 통과시키면 다시 하얀색 빛이 나온다는 사실을 발견했다. 프리즘이 빛줄기에 색을 더한다면, 두 번째 프리즘에서 어떻게 색이 제거되었는지 해석할 방법이 없었다. 해석을 수정해야 했다.

무지개의 물리학은 무지개가 아름다운 만큼이나 복잡하므로 부록에 상세히 기술했다(부록 2). 핵심은 서로 다른 색이 동일한 기본 원리에서 유래한다는 점이다. 빨간색 빛과 보라색 빛은 별개의 물질로 이루어진 것이 아니라, 스펙트럼에서 다른 쪽 끝일 뿐이다.

뉴턴은 7을 마법의 숫자로 생각한다는 이유만으로 스펙트럼에서 보이는 색을 7가지로 나누기로 했다. 그런데 빨간색, 주황색, 노란색, 녹색, 파란색, 보라색 등 6가지 색만 있는 것처럼 보였으므로, 인디코indico(나중에 인디고indigo가 된다)라는 색을 최초로 구분했다. 솔직히 말해 인디고는 진한 파란색에 불과하다.[23] 당시 뉴턴은 빛이 무엇으로 이루어졌는지 몰랐다. 빛은 그로부터 먼 훗날 이해되었으며, 그러기까지 여덟 번의 우연한 발견이 있었다.

첫 번째 우연한 발견

1820년 물리학 교수(그리고 덴마크 총리의 형)인 한스 외르스테드Hans Ørsted는 유럽을 놀라게 한 새로운 장치인 배터리의 경이로움을 청중에게 선보이는 자리를 마련했다. 강연을 준비하던 중 그는 책상에 둔 배터리 옆에 나침반을 내려놓았고, 나침반 바늘이 더는 북쪽을 가리키지 않는 모습을 보고 당황했다. 나침반 바늘은 배터리와 평행한 방향을 가리켰다. 외르스테드는 전류가 자기장을 생성한다는 사실을 발견했다.[24]

몇 년 뒤 영국 과학자 마이클 패러데이Michael Faraday는 전선 근처에서 자기장을 움직이면 전류가 발생한다는 정반대 현상을 발견했다. 전하와 자기 인력magnetic attraction은 서로 연관되어 있었다.

두 번째 우연한 발견

스코틀랜드 과학자 제임스 클러크 맥스웰James Clerk Maxwell은 마이클 패러데이의 열렬한 추종자였고, 자기와 전기를 포괄하는 통합 이론을 정립하고 싶었다.

패러데이가 사망하기 2년 전인 1865년 맥스웰은 중력처럼 우리 눈에 보이지 않는 힘의 장force field이 주위에 존재하며, 이는 자석이나 전하를 띤 입자의 영향을 받으면 교란된다고 제안했다. 또한 자석과 전하 입자는 힘의 장으로부터 동시에 영향을 받으므로, 둘 중 하나를 배제한 채 다른 하나에만 변화를 일으킬 수 없다. 이를테면 흔들리는 자석에 교란된 힘의 장은 파동을 생성하며, 이는 근처 전하 입자에 영향을 준다. 이와 반대인 상황도 마찬가지이다.

맥스웰은 외르스테드와 패러데이의 측정값을 토대로 파동이 이러한 '전자기장electromagnetic field'을 통과해 이동하는 속력을 계산했다. 그리고 이 계산값은 빛의 속력(초속 약 3억 미터)과 일치한다고 밝혀졌다. 의도한 바는 아니었지만, 맥스웰은 빛이 전자기장의 파동으로 이루어졌음을 발견했다.[25]

전자기장은 대부분 잠잠한 상태이므로 우리는 주위에 전자기장이 있다는 사실조차 인지하지 못한다. 그런데 무언가가 전자기장에 파동을 일으키면, 그 파동은 연못을 가로지르는 잔물결처럼 퍼진다. 우리 눈은 그러한 전자기장의 교란을 빛으로 인식한다. 빛의 색은 파동의 크기에 따라 달라진다. 예를 들어 전자기장에서 넓은 파동은 빨간색 빛이고, 좁은 파동은 보라색 빛이다. 이는 흥미로운 질문으로 이어진다. 우리는 빨간색 빛보다 넓은 파동 또는 보라색 빛보다 좁은 파동을 일으킬 수 있을까? 우리 눈에 보이지 않는 색이 존재할까? 정답은 '그렇다'이다.

세 번째 우연한 발견

영국 천문학자 윌리엄 허셜William Herschel은 어느 색이 열을 가장 많이 포함하는지 알고 싶었고, 1800년에 간단한 실험을 했다. 햇빛을 프리즘에 통과시킨 다음 각각의 색이 지나는 경로에 온도계를 두고 온도를 측정했다. 실험에 능숙한 과학자였던 허셜은 여덟 번째 온도계를 스펙트럼 옆에 두고 실험실 온도를 측정하면 도움이 되리라 생각했다.

허셜은 여덟 번째 온도계를 빨간색 빛 옆에 두고 수치 변화를 기다렸다. 그런데 온도계 수치를 확인해 보니 말이 되지 않았다. 빛 온도가 실험실 온도보다 훨씬 낮았기 때문이다. 빨간색 빛 옆에 둔 온도계의 수치가 가장 높았다.

허셜은 여덟 번째 온도계가 실험실 온도를 지나치게 높게 표시하는 까닭에 자신이 혼란에 빠졌음을 알아차렸다. 그 온도계를 다른 위치에 두면 합리적인 온도를 나타냈지만, 빨간색 빛 옆에 두면 높은 온도를 표시했다. 허셜은 빨간색 바깥쪽에서 빛을 발견했고, 그 빛에 '빨간색 아래below red'를 뜻하는 라틴어 단어에서 따온 '적외선infra-red'이라는 이름을 붙였다.[26]

네 번째 및 다섯 번째 우연한 발견

1801년 독일 화학자 요한 리터Johann Ritter는 허셜의 연구를 접하고, 그와 반대로 보라색 빛 너머에 존재하는 저온의 빛을 측정하려했다. 하지만 실험에서 기대한 결과를 얻지 못했는데, 온도계 수치가 상승하지 않았기 때문이다. 그런데 실험하는 동안 리터는 온도계 뒤에 쌓아둔 사진건판photographic plate이 평범한 빛을 받았을 때보다 빠르게 현상되는 모습을 발견했다.

분명 온도계가 아닌 사진건판과 상호작용하는 빛이 보라색 너머에 존재했다.[27] 그래서 이 빛에는 '보라색 너머beyond violet'를 의미하는 라틴어 단어에서 따온 '자외선ultra-violet'이라는 이름이 붙었다.

이 당혹스러운 결과를 이해하려면 우선 사진건판의 원리부터 이해해야 한다(사진건판 또한 우연히 발견되었다). 1717년 스위스 화학자 요한 슐체Johann Schulze는 질산은silver nitrate과 백악chalk(하얗고 부드러우며 주성분이 탄산칼슘인 퇴적암 – 옮긴이)이 혼합된 용액으로 실험하고 있었다. 어느 날 오후 그는 혼합액이 담긴 병을 무심코 창턱에 올려 두었고, 나중에 돌아와 혼합액에서 흰색 선이 생성된 부분을 제외한 나머지 내용물이 짙은 회색으로 변한 것을 발견했다.

슐체는 창밖을 살펴보다가 병 내부의 흰색 선과 같은 각도로 늘어져 있는 빨랫줄을 발견했다. 후속 실험을 진행한 끝에, 그는 햇빛이 질산은을 짙은 회색 분말로 바꾸어 용액에 함유된 백악을 대조적으로 돋보이게 한다는 사실을 발견했다. 빨랫줄이 병 일부분에 햇빛이 닿지 못하도록 차단하자, 내용물 일부분이 액체로 이루어진 반전된 그림자처럼 흰색 선으로 남았다.[28]

병 안에서 일어나는 화학 작용은 정교했다. 질산은은 양전하를 띤

은 입자와 그 주위를 떠다니며 음전하를 띤 질산염 입자로 구성된다. 은과 질산염은 서로 끌어당기므로 안정된 상태를 유지하지만, 고에너지 빛이 이들 입자에 부딪히면 변화가 일어난다.

햇빛은 은 입자들이 전하를 잃고 서로 결합해 고체 상태의 은 분말을 생성하도록 유도한다(자세한 내용은 부록 3을 참고하라). 은 분말은 짙은 회색을 띠므로, 고에너지 빛을 질산은에 비추면 빛이 닿는 곳마다 짙은 회색 분말이 형성된다.

프랑스 과학자 조제프 니엡스 Joseph Niépce는 한 단계 더 나아가, 창밖 풍경이 판 위에 기록되기를 바라며 질산은으로 판을 코팅한 다음 창턱에 두었다. 니엡스는 실험에 성공했고, 최초의 사진인 '그라의 창문에서 바라본 조망 View from the Window At Le Gras'을 찍을 수 있었다. 즉, 사진 산업은 술체가 병을 햇빛에 내놓은 덕분에 존재하게 되었다.

요한 리터의 실험실로 돌아가자. 이제는 리터가 발견한 자외선의 성질이 분명하게 이해된다. 가시광선도 사진건판에서 질산은 입자를 변색시키기에 충분한 에너지를 지니지만, 자외선이 가시광선보다 더욱 많은 에너지를 지니는 까닭에 변색 반응을 빠르게 진행시킨다.

리터는 다른 중요한 사실도 발견했다. 빛 에너지는 '스펙트럼 한쪽 끝은 뜨겁고 다른 한쪽 끝은 차갑다'라고 볼 만큼 단순하지 않다는 사실이다. 실제로는 빛의 파동 크기와 빛과 상호작용하는 물체의 크기가 일치해야 반응이 일어난다.

적외선의 파동 크기는 원자와 분자의 크기에 해당하므로, 적외선을 비추면 원자와 분자는 진동한다. 우리는 이러한 원자와 분자의 움직임을 온도로 인식한다.

그런데 가시광선은 파동이 너무 좁아서 원자를 진동시키지 못하고 곧장 통과한다. 가시광선은 적외선보다 더 많은 에너지를 전달하지만, 파동 크기가 맞지 않아 원자를 움직일 수 없다. 가시광선과 상호작용하는 대상은 원자 바깥쪽을 도는 전자다.* 파장이 작을수록, 작은 대상을 움직인다.

요한 리터는 또한 배터리로 자기 신체 부위에 전류를 흘려보내며 그 효과가 어떤지 확인한 인물로 유명하다. 실험 결과 안구는 환각을, 코는 재채기를, 음경은 물의를 일으켰다. 리터는 심지어 배터리와 사랑에 빠져 결혼할 계획이라고 선언하기까지 했다.[29]

여섯 번째 (다소) 우연한 발견

전자기파, 즉 빛의 스펙트럼이 빨간색과 보라색에서 끝나지 않는

---

* 엄밀히 말해 가시광선의 파동과 전자는 크기가 같지 않다. 전자는 원자핵에서 특정 거리만큼 떨어진 전자껍질을 따라 궤도 운동한다. 가시광선의 파동은 그러한 껍질들 사이에서 일어나는 전자 이동과 관련이 있다. 즉, 가시광선 파동(또는 자외선 파동)은 '양자 도약quantum leaping'이라는 과정을 통해 전자가 한 껍질에서 다른 껍질로 이동하게 한다.

다는 사실이 알려지자, 곧 사람들은 다른 보이지 않는 색을 지닌 빛을 찾아 나섰다. 적외선 바깥쪽의 빛은 1894년 인도 물리학자 자가디시 보스Jagadish Bose가 인위적으로 생성했으며 마이크로파microwave라고 불린다. 마이크로파는 우연히 발견된 빛은 아니지만, 이 빛의 용도는 우연히 발견되었다.

1945년 미국 물리학자 퍼시 스펜서Percy Spencer는 군용 마이크로파 방출기로 적군의 항공기를 격추할 수 있는지 연구했다. 퍼시는 마이크로파 방출기로 실험하는 도중 한 가지 사실을 발견했으며, 그 발견 내용은 이야기 출처에 따라 다르다.

첫 번째 출처에 따르면, 퍼시는 주머니에서 초콜릿 바(미스터 굿바Mr. Goodbar로 추정된다)가 녹는 것을 발견했다.[30] 두 번째 출처에 따르면, 그는 마이크로파 방출기 근처에서 자기 몸이 점점 따뜻해지는 것을 감지했다.[31] 어느 이야기가 진실이든, 퍼시는 방출기에서 나오는 마이크로파가 주위의 모든 물과 지방 분자를 진동시켜 온도를 상승시키며, 물질을 안팎으로 익힌다는 사실을 알아차렸다.

퍼시는 팝콘 한 그릇과 달걀을 방출기에 대고 가열해 보았고(달걀은 그의 조수 얼굴 앞에서 폭발했다), 물이나 지방을 함유한 모든 물질, 즉 거의 모든 음식물을 가열하는 방법을 발견했음을 깨달았다. 전쟁이 끝난 뒤 퍼시는 자신이 연구하던 마이크로파 방출기의 용도를 변경해 최초의 전자레인지로 판매했다.

일곱 번째 우연한 발견

전자기파 스펙트럼에서 자외선 바깥쪽에 존재하는 빛은 독일 물리학자 빌헬름 뢴트겐Wilhelm Rontgen이 음극선cathode-ray관으로 실험하던 중 우연히 발견되었다. 음극선이란 고에너지 전자의 흐름으로, 뢴트겐은 음극선이 형광물질에 어떤 영향을 미치는지 알고 싶었다.

1895년 11월 8일 뢴트겐은 실험을 준비하고 있었다. 음극선관을 검은색 마분지로 만든 관에 넣어 사방으로 뿜어져 나오는 빛을 차단하고, 빛줄기를 작은 원에 집중시키려는 계획이었다.

그런데 실험을 준비하던 뢴트겐은 실험실 벽 근처에 놓인 형광 스크린이 빛나기 시작하는 모습을 발견했다. 음극선관은 형광 스크린의 반대쪽을 향하고 있었고, 형광물질을 빛나게 할 다른 광원은 없었다. 뢴트겐은 음극선관에서 나오는 빛줄기가 너무 강한 나머지 검은색 마분지를 관통할 수 있다고 생각했다.

후속 실험을 진행한 뒤 뢴트겐은 위험성을 고려하지 않은 채 아내 안나Anna에게 음극선 빛줄기 앞에 서 달라고 요청하고, 아내 뒤쪽에 사진건판을 두었다. 그 결과 음극선 빛줄기가 아내의 살은 관통하지만 뼈는 관통하지 못해, 사진건판에 아내의 골격 흔적을 남겼다는 것을 발견했다. 뼈 사진을 본 뢴트겐 부인은 '나의 죽음을 보았다'라고 언급했다고 한다.[32]

뢴트겐은 이 수수께끼 빛줄기를 '엑스선X-ray'이라고 이름 붙였다

(엑스X는 방정식에서 미지수를 나타내는 공통 기호다). 그는 나중에 더욱 알맞은 이름을 정할 생각이었지만, '엑스선'이라는 이름이 인기를 끌면서 그대로 자리 잡았다.

여덟 번째 우연한 발견

앞서 요한 리터가 자외선을 발견한 이야기에서 살펴보았듯, 질산은이 코팅된 판은 고에너지 빛에 반응한다. 1896년 프랑스 물리학자 앙리 베크렐Henri Becquerel은 질산은 판을 활용해 니엡스의 사진 실험을 재현하려 했다.

베크렐은 질산은 판을 준비하고 창밖 풍경을 기록하려 했다. 하지만 불운하게도 날씨가 흐렸고, 그는 질산은 판을 서랍에 보관해 두고 집에서 주말을 보냈다.

월요일에 실험실로 돌아온 베크렐은 불가능한 일이 일어났음을 알아차렸다. 웬일인지, 서랍에 넣어 둔 질산은 판이 현상된 상태였다. 베크렐은 몰타십자Maltese Cross 전쟁 훈장 아래에 질산은 판을 넣어 두었다. 그런데 광원이 전혀 없는 서랍 안에서 질산은 판은 훈장의 윤곽을 그대로 포착했다.

베크렐은 친구인 마리 퀴리와 피에르 퀴리 부부에게 조언을 구했다. 퀴리 부부는 당시 상황을 얼마간 조사하고 무슨 현상이 일어났는지 추론했다. 서랍 안에는 질산은 판과 훈장 외에 또 다른 물건이 있었다. 바로 황산우라늄uranium sulfate 병이다. 퀴리 부부는 그 병에서 고에너지 빛이 뿜어져 나오는 것을 발견했다. 이러한 고에너지 빛은 햇빛과 같은 방식으로 판에 코팅된 은 입자를 반응시킨다. 그런데 두꺼운 금속으로 만들어진 훈장은 빛이 지나는 경로를 차단했다.[33]

마리 퀴리는 새로 발견한 현상에 라틴어로 바퀴살을 의미하는 단어(라디우스radius)와 그리스어로 빛줄기를 의미하는 단어(악티노스aktinos)를 합쳐, 방사능radioactivity이라는 이름을 붙였다. 발견한 고에너지 빛이 바퀴의 바퀴살처럼 퍼져 나간다는 의미에서다. 이들은 엑스선 너머 존재하는 빛인 감마선gamma ray을 발견했다.● 감마선은 파동 크기가 원자핵 정도이며 우리 몸의 원자핵을 진동시킬 수 있을 만큼 강력한 힘을 지닌다.

퀴리 부부는 연구할 새로운 빛이 존재한다는 사실을 발견하고, 미량의 우라늄을 함유한다고 알려진 광물인 역청우라늄석pitchblende을 산더미처럼 사들였다. 이 광물을 연구하면서 두 사람은 무거운 원자가 방사선을 방출하는 경향이 있음을 밝혔고(부록 4를 참고하라), 연구

● 이는 다소 복잡한 이야기로, 방사선에 네 가지 종류가 있기 때문이다. 감마선은 엑스선 다음으로 존재하는 빛이며, 무거운 원자는 방사능을 지닌 고에너지 입자 또한 방출한다. 퀴리 부부는 고에너지 빛과 고에너지 입자를 구별하는 기술이 없었고, 이를 통틀어 '방사선'이라고 불렀다. 1900년 우라늄이 전자기파를 방출한다는 사실을 발견하고, 그 전자기파에 감마선이라는 이름을 붙인 인물은 엄밀히 말하면 폴 빌라드Paul Villard다.

과정에서 덤으로 두 가지 원소를 더 발견했다.

본격적으로 찾다

1908년 어니스트 러더퍼드Ernest Rutherford는 노벨 화학상을 받았다. 그는 퀴리 부부의 연구를 바탕으로 큰 원자가 다양한 형태의 방사선을 방출한다는 점을 발견했다. 무거운 원소는 고에너지 감마선뿐만 아니라 작은 '총알' 형태의 물질을 방출하기도 했다. 러더퍼드는 그러한 물질의 방출 원인이 무엇인지 알지 못했다. 하지만 방출 현상은 부인할 수 없는 사실이었다. 러더퍼드는 방출되는 작은 원자 파편을 '알파alpha 입자'라고 불렀다.

다른 많은 과학자는 노벨상을 받고 나면 현실에 안주하며 과학자들의 단골 식당에서 공짜 식사를 즐겼겠지만, 러더퍼드는 지식을 더욱더 깊이 쌓으려 했다. 그는 총알이 어디서 날아오는지 알고 싶었고, 그러기 위해서는 원자의 내부 구조를 철저히 탐구해야 했다.

우리는 현미경으로 원자를 관찰할 수 없는데, 가시광선 파동과 비교해 원자가 너무 작기 때문이다. 원자를 전 세계 인구수만큼 한 줄로 늘어놓아도 겨우 80센티미터에 이른다. 이처럼 작은 원자의 거동을 연구하고 싶으면, 러더퍼드가 그랬듯 창의력을 발휘해야 한다.

뉴질랜드 목양업자의 아들로 태어난 러더퍼드는 다른 사람들이 시도하지 않는 파격적인 실험을 수행하는 인물로 유명했다. 그는 돈보다 색다른 접근 방식을 선호하며, 호화로운 실험 장비와 연구 자금이 과학자를 나태하게 만든다고 믿었다.

당시 사람들은 원자에 전자라는 아원자입자(원자를 구성하는 입자를 가리킨다 - 옮긴이)가 구름처럼 드문드문 흩어져 있다고 생각했다. 러더퍼드의 지도교수인 J. J. 톰슨J. J. Thomson은 앞서 전자를 발견했고, 사람들은 원자를 건포도가 박힌 푸딩 구조로 상상했다.

건포도 푸딩 구조에서 설명하기 어려운 점은 원자에서 방출된 알파 입자가 전자와 반대인 전하를 띤다는 사실이었다. 그렇다면 알파 입자는 어디서 왔을까? 원자의 전자구름이 분해되고 있는 걸까? 아니면 전자들 사이에 다른 입자가 섞여 있는 걸까?

이러한 의문을 해결하기 위해 러더퍼드는 독일 공학자 한스 가이거Hans Geiger를 고용하여 입자가 충돌하면 반응하는 장치(가이거 계수기Geiger counter라는 이름으로 알려졌으며 딸깍 소리를 낸다)를 제작하고, 금 박막 뒤쪽에 장치를 설치했다. 그런 다음 금 박막 앞쪽에는 알파 입자를 방출하는 물질이자 퀴리 부부가 최초로 발견한 원소인 라듐을 놓아두었다. 라듐이 금 박막을 향해 알파 입자를 방출하면, 계수기는 금 박막 뒤쪽에서 일종의 원자 산란 패턴을 기록하며 알파 입자가 어디로 갔는지 알릴 것이다.

가이거 계수기를 몇 시간 동안 가동하면 알파 입자가 어디에 도달하는지 알아내고, 그 결과를 토대로 금 박막의 원자 밀도를 밝힐 수 있었다. 가령 원자의 전자구름이 얇고 솜털 같기보다 두껍고 스펀지 같다면, 알파 입자는 더욱 넓은 각도로 산란될 것이다.

가이거는 박사과정 대학원생인 어니스트 마스덴Ernest Marsden에게 실험을 맡겼고, 마스덴은 누구도 예상하지 못한 사실을 발견했다. 마스덴은 알파 입자별 산란 각도를 측정하던 중 90도 넘게 산란된 입자를 찾았다. 산란각 2~3도는 예상되었고, 10도도 상상할 수 있었지만, 90도는 알파 입자가 금 입자를 통과하며 직각으로 꺾여야 한다는 점에서 불가능했다. 입자가 90도 이상으로 산란되는 현상은 원자 내부의 무언가에 부딪혀 다시 튕겨 나온다는 것을 의미했다.

알파 입자가 90도 넘게 산란되는 현상은 일어나고 또 일어났다. 마스덴은 알파 입자 10,000개 가운데 한 개가 라듐 쪽으로 다시 산란되는 현상을 발견했다.[34] 러더퍼드는 이러한 현상을 두고, 마치 휴지 조각에 발사한 15인치 포탄이 튕겨 나오는 것과 같다고 묘사했다.[35]

이 실험 결과가 우연히 도출되었는지는 불분명하다. 분명 러더퍼드는 라듐과 금 박막과 가이거 계수기가 넓은 각도를 이루도록 배치하라고 지시했기 때문이다. 마스덴이 러더퍼드의 지시를 실수로 오해하고, 라듐과 계수기를 금 박막 기준으로 같은 쪽에 배치한 것은 아닐까? 실수인지 아닌지 밝히기 어렵지만, 이들의 발견은 모든 사람이 알고 있었던 원자 구조가 틀렸음을 의미한다.

원자 구조에 얽힌 수수께끼를 풀고 답을 제시한 인물은 덴마크 물리학자 닐스 보어Niels Bohr였다. 원자 중심에는 작고 조밀한 원자핵이 있으며 태양 주위를 도는 행성처럼 일정한 거리를 두고 전자가 원자핵 주위를 공전한다는 아이디어를 제시했다.

노벨상답지 않은 노벨상

1934년 엔리코 페르미Enrico Fermi는 로마 파니스페르나Panisperna 수도원 인근에서 입자물리학 연구실을 이끌고 있었다. 러더퍼드가 원자 중심에 덩어리가 있음을 발견한 뒤, 다른 과학자들은 원자핵이 양성자proton와 중성자neutron라는 두 가지 입자로 구성되어 있음을 밝혔다.

원자 내 양성자 수는 예측 가능하지만, 중성자 수는 그렇지 않다는 사실도 알려져 있었다. 양성자는 한 개인 원소(수소), 두 개인 원소(헬륨), 세 개인 원소(리튬) 등이 있지만 중성자는 어떠한 패턴도 따르지 않았다. 중성자 수와 질량만 서로 다른 리튬(양성자는 모두 중심에 3개씩 존재한다)들은 화학 반응에서 모두 똑같이 거동했다.

이뿐만 아니라 92번 원소인 우라늄에 도달하면, 원자가 더는 커지지 않는다는 사실도 알려져 있었다. 웬일인지 자연은 92번 원소를 넘어서지 못했다. 페르미와 '파니스페르나의 청년들'(페르미 연구팀을 일컫는 별칭이었다)은 그들만의 게임에서 자연을 상대로 승리하기로 결심했다. 이들은 92번 원소에서 한 걸음 더 나아가 양성자를 93개 지닌 인공 원소를 만들기로 했다. 그런데 원자핵에 양성자를 추가하여 새로운 원소를 합성하려면 어떻게 해야 할까? 이것이 바로 연금술이다.

미국 과학자 제임스 채드윅James Chadwick이 기발한 답을 제시했다. 특정 원소, 특히 폴로늄처럼 큰 원소는 원자핵이 중성자를 방출한다고 알려져 있었다. 폴로늄은 원자 중심부에 존재하는 많은 입자가 서로 자리를 차지하려고 다투다가 이따금 불안정해지며, 공간을 확보하기 위해 중성자를 방출한다.

폴로늄에서 방출된 중성자는 매우 빠르게 움직이며 일반적으로 접촉하는 모든 대상을 투과한다(이러한 현상은 1986년 4월 체르노빌 원자로에서 사용된 방사성 광물이 고에너지 중성자를 방출하면서 문제가 되었다). 그런데 채드윅은 중성자를 밀도 높은 물질에 먼저 투과시키면, 물질에서 방출되는 중성자의 속도를 늦출 수 있다고 제안했다. 중성자는 느리게 움직이면 목표 물질의 원자를 투과하지 못하고, 심지어 원자핵 내부에 갇힐 수도 있다.

이처럼 중성자를 흡수한 원자핵은 스스로 재배열되어야 한다. 그리고 과학자에게 행운이 따른다면, 일부 원자핵 입자는 정체성을 바꿀 것이다.

중성자와 양성자는 아직 밝혀지지 않은 과정을 거치며 서로 바뀔 수 있다. 우리가 아는 사실은 중성자가 교란되면 양성자로 바뀔 수 있다는 것뿐이다. 따라서 페르미와 연구팀이 우라늄 원자에 중성자를 느리게 충돌시킬 수 있다면, 원자핵이 중성자를 흡수하고 스스로 재배열되면서 우라늄이 93번 원소로 우연히 변할 수 있을 것이다.

그런데 이러한 현상은 드물게 발생하므로, 원자 반감기half-life를 분석해야만 그런 현상이 일어났음을 증명할 수 있다.

모든 방사성 원자는 입자를 방출하기 직전인 상태이지만, 어느 원자가 붕괴될 것인지는 정확히 예측할 수 없다. 그 대신 원자 집단을 관찰하고, 평균적으로 집단의 절반이 붕괴되기까지 걸리는 시간을 설명해야 한다. 이는 한 입자의 거동은 예측 불가능하지만, 수백만 개 입자의 평균적 거동은 명확히 예측할 수 있다는 점에서 역설적이다.

즉, 어느 원자가 방사선을 방출할지는 누구도 설명할 수 없지만, 그 원자 집단의 50퍼센트가 방사선을 방출하기까지 얼마나 오랜 시간이 걸릴지는 분명히 예측할 수 있다. 이것이 해당 원소의 '반감기'로, 원자 집단에서 절반이 붕괴하는 데 걸리는 시간이다. 반감기의 유용한 특징은 모든 원자가 고유 반감기를 지닌다는 점이다.

1934년 페르미는 실험 결과를 검토하다가 반감기가 여섯 시간인 원자가 생성되었음을 알고, 너무도 흥분한 나머지 안절부절못했다. 어느 원소도 그런 반감기를 갖지 않았다. 이는 우주에서 완전히 새로운 물질이었다. 페르미는 분명 새로운 유형의 원자를 만드는 데 성공했다.[36]

페르미는 연구 결과를 발표하며 93번과 94번 원소의 방사성 신호를 발견했다고 주장했다. 그리고 93번 원소에 아우소늄ausonium(이탈리아를 지칭하는 현대 그리스어 단어 아우소니아Ausonia에서 유래했다), 94번 원소에 헤스페륨hesperium(이탈리아를 지칭하는 고대 그리스어 단어 헤스페리아Hesperia에서 유래했다)이라는 이름을 붙였다.

페르미는 불가능한 일을 해낸 끝에 영웅 대접을 받았다. 단 4년 만에 새로운 원소 두 개를 합성하고 발견한 공로를 인정받아 노벨상을 수상했다. 그런데 아주 작고 사소하며 불편한 문제가 하나 있었다. 페르미가 완전히 틀렸다는 점이다.

페르미는 여전히 역사상 위대한 입자물리학자이자 노벨상을 받을 자격이 있는 인물로 손꼽힌다. 이는 부인할 수 없는 사실이다. 다만 페르미에게 노벨상을 안겨준 성과는, 엄밀히 말하자면 그가 실제로 해내지 못한 일이었다. 페르미가 방사능을 검출했다는 실험 결과에 반론이 뒤따랐다. 그런데 이 반론은 새로운 원자 합성보다 더욱 낯

설었던 까닭에, 아무도 진지하게 받아들이지 않았다.

페르미가 연금술 성공을 발표하고 3개월 뒤, 독일 화학자 이다 노다크Ida Noddack가 페르미의 주장을 받아들일 수 없다며 반박했다. 나름대로 널리 이름을 알린 화학자였던 노다크는 우선 배제되어야 하는 또 다른 가능성이 있다고 설명했다.

페르미가 중성자를 우라늄 원자에 충돌시킨 뒤, 우라늄 원자가 지나치게 불안정해진 나머지 반으로 쪼개졌다면 어떨까? 쪼개지면서 크기가 더 작아진 우라늄 원자는 원자핵이 예상치 못한 무작위적 중성자 배열을 지니게 되며, 자연에서 발견되는 원소와 다른 반감기 특징을 보일 것이다.[37]

노다크의 주장은 무시당했는데, 새로운 원자가 합성된다는 개념보다 원자가 반으로 쪼개진다는 개념이 훨씬 극단적이었기 때문이다. '원자'라는 단어는 '더 이상 쪼갤 수 없는unsplittable'을 의미하는 그리스어 단어에서 유래했다. 노다크가 옳을 리 없었다. 하지만 그녀가 옳았다.

리제 마이트너Lise Meitner, 오토 한Otto Hahn, 이렌 퀴리Irene Curie(마리 퀴리의 딸)는 몇 가지 사항을 조사한 뒤, 페르미와 연구팀이 새로운 유형의 테크네튬technetium(43번 원소)을 우연히 합성했다는 사실을 밝혔다. 페르미가 합성한 테크네튬은 과거 알려진 적 없는 독특한 반감기 특징을 지녔다. 즉, 페르미와 파니스페르나의 청년들은 크고

새로운 원자를 합성하지 못하고 이미 존재하는 원자를 분열시킨 것이었다.[38]

오토 한은 원자가 쪼개질 수 있음을 증명한 공로로 1944년 노벨화학상을 받았다(분노가 치밀게도, 리제 마이트너는 간과되었다). 그런데 사실상 최초로 원자를 쪼갠 인물은 이를 깨닫지도 못한 채 달성한 페르미였다. 따라서 페르미의 노벨상에는 독특한 의미가 있다. 페르미가 착오로 노벨상을 받긴 했으나, 한편으로는 그가 노벨상을 받을 만한 업적을 우연히 세웠다는 점에서 수상 자격이 있기 때문이다.

실제 93번 원소 합성은 1940년 미국 물리학자 에드윈 맥밀런Edwin McMillan이 달성했다. 그는 93번 원소를 넵투늄neptunium(천왕성Uranus 다음 행성인 해왕성Neptune에서 따온 이름이다)(이는 92번 원소 우라늄uranium이 천왕성에서 따온 이름이기 때문이다 – 옮긴이)이라 명명하고 1944년 노벨상을 받았다. 맥밀런은 93번 원소를 합성한 공로로 노벨상을 받은 두 번째 인물이다.

누가 주문했어?

1930년대 물리학자들은 존재해야만 하는 핵심 입자를 전부 밝혔다. 모든 물질은 양성자, 중성자, 전자 그리고 흔하지 않지만 매우 중요한 입자인 양전자 등 단 네 가지 입자로 구성된다. 이러한 네 가지 구성 요소를 토대로, 우리는 우주에 존재한다고 알려진 물질을 모두 설명할 수 있다.

양전자는 1932년 미국 물리학자 칼 앤더슨Carl Anderson이 안개상자cloud chamber라는 투박하지만 유용한 장치를 활용해 발견했다. 안개상자는 가지고 놀면 무척 재미있다(나도 이런 장치에 관심이 있어 만든 적이 있다). 작은 상자를 휘발성 증기로 채우고, 기체와 액체의 경계에 도달할 때까지 증기를 냉각한다(휘발성 증기는 소독용 알코올, 냉각제는 드라이아이스를 쓰면 효과적이다).

상자 속 증기가 휘저어지면, 가령 고에너지 입자가 상자를 통과하면 그 주위의 증기가 응결되면서 몇 초 동안 작은 구름 흔적이 생성된다. 이처럼 증기에 남은 흔적을 분석하면 방금 어떤 입자가 통과했는지 알아낼 수 있다. 입자물리학에서 안개상자 실험은 곧 동작 인식 카메라를 설치하고 동물이 지나가기를 기다리는 것과 같다.

앤더슨은 안개상자를 이용해 양전자를 발견한 공로로 노벨상을 받았다. 그런데 1936년 누구도 발견한 적 없는 무언가가 예고 없이 안개상자를 통과했다. 그것이 증기에 남긴 흔적은 전자의 흔적과 유사했으나 뚜렷한 차이점이 한 가지 있었다. 그것은 전자보다 207배 더 무거웠다.

이는 동네 고양이를 관찰하려고 뒷마당에 동작 인식 카메라를 설치했다가, 우연히 검치호랑이 sabre-tooth tiger의 모습을 포착한 것과 같다. 앤더슨은 아무도 예측하지 못한 다섯 번째 입자를 목격했다.

뮤온 muon이라고 명명된 이 새로운 입자는 당황스럽게도 원자 내에서 발견되지 않고, 방사성 붕괴에 관여하지 않으며, 양자 현상을 설명하는 과정에도 필요하지 않았다. 뮤온은 아무런 목적 없이 존재했다.

노벨 물리학상 수상자 이지도어 라비 Isidor Rabi는 뮤온에 관한 이야기를 듣고 당황하며 "누가 그걸 주문했어?"라고 외친 일화로 유명하다.[39] 뮤온은 인류가 입자를 생각하는 방식을 바꾸어 놓았다. 분명 우주는 우리가 생각했던 것처럼 단순하고 우아한 존재가 아니었다. 아무 이유 없이 존재하는 입자들이 있었다. 이들 입자는 아무것도 하지 않았다. 그냥 존재할 뿐이었다.

그로부터 얼마 지나지 않아 미국 물리학자 마틴 펄 Martin Perl은 전자보다 3,500배 무거우며 존재 이유가 없는 또 다른 입자를 발견하고, 타우온 tauon(또는 짧게 줄여 타우 tau)이라 명명했다.[40] 이후 다른 물리학자들도 안개상자를 마련해 실험에 동참하면서 입자들이 잇달아 발견되었다. 곧 파이온 pion, 케이온 kaon, 람다 lambda, 크시 xi, 에타 eta 입자가 발견되고, 1960년대 중반까지 400개가 넘는 입자들이 식별되었다.[41]

이는 물리학에 찾아온 실존적 위기였다. 우주는 존재 이유가 없는 입자들로 가득 차 있었고, 인류는 그 입자로 무엇을 해야 하는지 파악하지 못했다. 우리는 입자 동물원을 '표준 모형standard model'이라 불리는 소수의 핵심 입자로 요약했으며, 이 모형에는 다른 입자를 구성하는 기본 입자 12가지가 담겼다. 그런데 현재 인류는 교착 상태에 접어들었다.

일부 물리학자는 다양한 입자가 무작위로 질량을 지니는 이유를 설명할 수 있는 세련된 이론을 찾고 있다. 다른 일부 물리학자는 우주가 깔끔하거나 아름답다고 가정할 이유가 전혀 없다고 본다. 어쩌면 우주는 과학의 많은 부분과 마찬가지로 엉망진창일지 모른다.

4장

유레카

재능 있는 사람은 남들이 맞히지 못하는 과녁을 맞히고, 천재는 남들 눈에 보이지 않는 과녁을 맞힌다.

아르투어 쇼펜하우어 Arthur Schopenhauer

마침내 올바른 아이디어를 떠올릴 때면, 이를 진작 생각해 내지 못한 자신을 자책하게 된다.

프랜시스 크릭 Francis Crick

시속 88마일이 맞았어!!!

에밋 브라운 박사 Emmett 'Doc' Brown (《백 투 더 퓨처Back to the Future》)

발가벗은 진실

'유레카Eureka'라는 문구가 탄생한 일화를 이야기하지 않고서는 과학의 유레카 순간을 논하기 힘들다. 그런데 유레카 일화에 얽힌 핵심은 이따금 잘못 해석되기도 한다.

기원전 3세기경 시라쿠사Syracusae 왕 히에론 2세Hieron II는 금 세공업자에게 금덩어리를 주면서 왕관을 만들라고 명령했다. 다음 달 금세공업자가 아름다운 왕관을 가지고 돌아왔지만, 히에론 2세는 금세공업자가 자신을 속였다는 사실을 은밀히 알게 되었다.[1]

모든 금속은 고유의 밀도를 지니며, 밀도는 원자가 얼마나 촘촘하게 밀집되었는지 나타내는 척도다. 금의 밀도는 1세제곱미터당약 19그램이다. 반면 은의 밀도는 금 밀도의 절반에 해당한다. 따라서 금을 그릇에 담고 녹여서 작업한다면, 금을 1세제곱센티미터만큼 퍼낸 다음 금보다 값싼 은을 2세제곱센티미터만큼 넣어 쉽게 대체할 수 있다. 이러면 무게는 같고, 금속이 굳은 뒤에는 조금도 티가 나지 않는다. 누가 부피 1세제곱센티미터 차이를 맨눈으로 구별할 수 있을까?

교활한 금 세공업자는 그러한 수법을 써서 왕이 준 금을 은으로 대체하거나 빼돌릴 것이다. 그런데 어떻게 그 비열한 계략을 증명할 수 있을까? 히에론 2세는 금 세공업자가 만든 왕관을 검증하도록 자신의 친척에게 의뢰하기로 했다.[2] 그의 친척이자 과학과 공학에서 두각을 나타내며 이름을 떨친 인물이 바로 아르키메데스Archimedes였다.

아르키메데스는 초기 물 수송 장치인 나선형 양수기screw pump, 도르래 장치, 그리고 가장 흥미롭게는 침입한 선박을 도시 항구 밖으로 끌어 올릴 때 쓰는 거대한 갈고리를 발명했다고 알려져 있다.[3] (거대한 갈고리가 실제로 존재했는지 확인하려면 시간 여행을 하는 고고학자가 되어야 하지만, 그 발명품은 생각만 해도 흥미롭다!)

히에론 2세는 아르키메데스가 왕관의 순도를 검증하는 방법을 고안해 낼 수 있다고 믿었다. 단, 아르키메데스가 왕관의 부피를 측정하기 위해 왕관을 녹여서는 안 된다는 조건을 달았다. 왕관은 정교하게 만들어진 장신구인 까닭에 아르키메데스는 왕관 형태를 바꾸지 않으며 성분을 파악해야 했다.

히에론 2세가 준 금덩어리와 왕관은 무게가 같았으므로, 핵심은 금덩어리와 왕관의 부피가 같은지 알아내는 것이었다. 정육면체나 구처럼 형태가 규칙적인 물체는 부피 계산에 쓰이는 확실한 수학 공식이 있지만, 왕관처럼 형태가 불규칙한 물체는 그런 수학 공식이 없다. 아르키메데스는 왕관의 실제 부피를 어떻게 밝혔을까?

아르키메데스는 어느 날 저녁 욕조에 들어가 몸 주위로 물이 차오르는 모습을 본 순간, 간단한 해결책을 떠올렸다. 액체에 잠긴 물체는 자기 부피만큼 액체의 부피를 대체하므로, 왕관을 물에 넣고 수위가 얼마나 상승했는지 측정하면 왕관의 부피를 알 수 있다. 아르키메데스는 이 깨달음에 너무 흥분한 나머지 욕조에서 뛰쳐나와 시라쿠사 거리를 알몸으로 뛰어다니며 "유레카!", 즉 "내가 찾았다!"라고 외쳤다.

비트루비우스Vitruvius가 이 사건에 관하여 남긴 역사 기록에 따르면, 왕관은 원래 금덩어리보다 더 많은 물을 대체했으며 이는 왕관 부피가 값싼 금속으로 부풀려졌음을 의미했다. 금 세공업자의 운명은 기록되어 있지 않지만(솔직히 말해 그는 아마도 죽임을 당했을 것이다), 아르키메데스는 강한 호기심을 느끼고 유체물리학을 깊이 연구한 끝에 '아르키메데스의 원리'를 발견하게 되었다.

아르키메데스의 원리는 흔히 잘못 알려졌듯 액체에 잠긴 물체가 자기 부피만큼 액체의 부피를 대체한다는 내용이 아니다. 아르키메데스 원리는 '액체 속에서 물체가 받는 부력'이 '액체 속에서 물체가 차지하는 부피에 해당하는 액체의 무게'와 같다는 것이다. 이 원리와 부피를 대체한다는 개념이 결합하면, 물체가 액체 위에 뜰지 가라앉을지 정해진다.

배와 조약돌을 예로 들어 비교해 보자. 배가 조약돌보다 훨씬 무겁지만, 물에 배는 뜨고 조약돌은 가라앉는다. 이러한 현상은 아르키메데스의 원리로 설명된다.

배의 무게가 1톤이라고 가정하자. 우리가 배를 물에 넣으면, 배는 수면 아래로 힘을 가하고 물은 1톤에 해당하는 힘으로 배를 밀어낸다. 여기서 아르키메데스 원리를 적용해 보자. 배가 받는 부력이 1톤에 해당하면, 위로 차오르는 물의 무게는 1톤이다. 물 1톤은 부피가 1세제곱미터이므로, 우리는 수위가 얼마나 상승하는지 예상할 수 있다. 배의 전체 부피가 1세제곱미터보다 크다면, 상승하는 물의 부피는 배의 부피보다 작아지므로 배는 위로 차오르는 물에 잠기지 않고 물 위에 뜬다.

이번에는 조약돌로 따져 보자. 조약돌의 무게가 1톤보다 1,000배 가벼운 1킬로그램이라고 가정하자. 우리가 물에 조약돌을 넣으면 배를 넣을 때와 같은 현상이 일어난다. 조약돌이 받는 부력이 1킬로그램에 해당하면, 위로 차오르는 물의 무게는 1킬로그램이다. 물 1

킬로그램의 부피가 1리터이므로, 조약돌은 부피가 1리터보다 작으면 물에 잠긴다. 즉, 조약돌은 수면 아래로 가라앉는다.

물체가 액체 위에 뜰지 가라앉을지 결정하는 요인은 무게가 아니다. 무게가 얼마나 압축되어 있는지 또는 분산되어 있는지가 중요하다. 즉, 밀도가 핵심이다. 물체가 액체보다 밀도가 높으면, 물체는 액체 아래로 가라앉는다. 반대로 물체가 액체보다 밀도가 낮으면, 물체는 액체 위에 뜬다. 다음으로는 물과 관련된 위대한 유레카의 순간을 살펴보자.

첨벙첨벙

로니 존슨Lonnie Johnson은 인종 분리 정책이 시행되던 1949년 앨라배마에서 태어났다. 그는 흑인으로서 흑인 전용 학교에 다니며 위대한 흑인 발명가 조지 워싱턴 카버George Washington Carver에 대해 배웠다. 과학을 열렬히 좋아하는 학생이었던 존슨은 집에서 실험하며 냄비로 로켓 연료를 만들다가 부엌을 태울 뻔하고, 고속도로에서 직접 제작한 고카트go-kart를 운전하다가 체포되기도 했다.

존슨의 학교는 그가 지닌 재능을 발견하고, 앨라배마대학교에서 주州 전체를 대상으로 개최하는 청소년 공학·기술·사회·과학 경진대회에 존슨을 출전시켰다(앨라배마대학교는 과거에 조지 월리스George Wallace 주지사가 흑인 학생의 입학을 막으려 했던 학교다). 존슨은 유일한 흑인 참가자였고, 공기 구동 로봇으로 1등을 차지했다. 월리스 주지사의 면전에서 말이다.

존슨은 마침내 자신의 영웅 조지 워싱턴 카버의 모교인 터스키기대학교에 장학생으로 입학하고, 기계공학과 원자력공학 학위를 취득했다. 그의 물리학적 재능과 발명 능력은 얼마 지나지 않아 미 공군의 관심을 끌었고, 1982년 공군에 채용된 존슨은 스텔스 폭격기개발에 참여하며 특히 열펌프 재설계를 담당하게 되었다.

당시는 열펌프에 프레온가스Freon gas가 쓰였는데, 이 가스가 환경에 얼마나 해로운지 명백히 알려지는 중이었다. 공군은 존슨이 프레온가스 대신 물로 작동하는 펌프를 개발하기를 기대했다. 그런데 물과 프레온가스의 점도viscosity가 완전히 다르다는 점에서, 물 펌프 개발은 쉬운 일이 아니었다. 펌프는 처음부터 다시 설계되어야 했다.

어느 날 저녁 존슨은 일거리를 들고 퇴근해 자신이 설계한 펌프를욕실 세면대 수도와 연결했다. 그가 물을 틀면서 수도꼭지를 지나치게 세게 돌리자, 수돗물이 빠르게 분사되어 욕실 맞은편 벽을 적셨다. 존슨은 바닥에 고인 물을 응시하며 생각에 잠겼다. '유체 분사기를 열펌프가 아닌 물총으로 개조하면 어떨까?'

존슨은 유체 분사기 형태를 여러 번 개조한 뒤 특허 출원하고, 발명품을 유통할 업체를 찾으려 노력했다. 그는 7년간 업체로부터 관심을 얻지 못하다가, 마침내 장난감 제조업체 래러미Larami에 발명품을 소개할 기회를 얻었다. 래러미는 그의 발명품에 곧장 흥미를 보였다. 처음에 미 공군의 스텔스 폭격기를 냉각하는 부품으로 제작된 존슨의 물총은 슈퍼소커Super Soaker라는 상품명으로 시판되었다. 오늘날 슈퍼소커는 역사상 가장 많이 팔린 물총으로 손꼽히며 10억 달러의 가치가 있다고 추정된다.

존슨은 여기서 멈추지 않았다. 슈퍼소커로 막대한 성공을 거둔 뒤, 그는 거품을 발사할 수 있도록 형태를 개조하여 너프Nerf라는 물총도 발명했다. 너프는 4억 6,000만 달러의 가치가 있다고 추정된다.

존슨은 현재 자신의 이름으로 출원된 특허를 200건 넘게 보유하고 있으며, 갈릴레오 탐사선에 탑재된 연료 장치를 설계하는 일에도 참여했다. 마치 슈퍼소커와 너프 물총을 고안한 발명가로는 만족스럽지 않다는 듯이 말이다.[4]

사과가 떨어지다

아르키메데스가 시라쿠사 거리를 알몸으로 뛰어다녔다는 이야기는 사실이 아닐 수 있지만, 역사상 두 번째로 중요한 유레카의 순간

은 분명 일어났다. 그리고 두 번째 순간은 천재 과학자가 직접 이야기한 덕분에 널리 알려졌다.[5]

젊은 아이작 뉴턴은 링컨셔의 한 농장에서 무언가를 생각하며 괴로워하고 있었다. 1665년은 흑사병이 창궐해 영국 전역이 봉쇄된 시기였다. 대학은 문을 닫았고, 뉴턴은 가족 농장에서 어머니와 형과 누나를 도와야 했지만, 일이 적성에 맞지 않았다.

뉴턴을 괴롭힌 문제는 아르키메데스의 원리에 뭔가 빠진 것 같다는 생각이었다. 공기는 유체이고 물체는 밀도가 높으므로, 물체는 공기를 통과해 아래쪽으로 이동한다. 이는 간단한 사실이었다.

낙하하는 물체의 운동을 이해하려면, 물체의 무게와 크기 그리고 물체가 통과하는 유체의 성질을 알아야 했다. 그런데 뉴턴이 생각하기에 달은 지구를 향해 떨어지지 않지만 분명 공기보다 밀도가 높았다.

이 문제를 곰곰이 생각하던 중, 뉴턴은 우연히 근처 나무에서 사과 한 개가 떨어지는 장면을 목격했다. 사과가 떨어지는 순간 뉴턴의 머릿속에 답이 불현듯 떠올랐다.

뉴턴의 머리로 사과가 떨어졌다는 이야기는 작가 아이작 디즈레일리Isaac D'Israeli가 꾸며낸 내용이다. 디즈레일리는 다음과 같이 썼다. "뉴턴이 사과나무 아래에서 책을 읽는 도중, 사과가 뉴턴의 머리로 떨어졌다. 그는 사과가 작은 것을 보고, 사과가 머리를 때린 힘에 깜짝 놀랐다. 이를 계기로 뉴턴은 낙하하는 물체의 가속 운동을 고찰하게 되었고, 중력 원리를 추론하며 과학 체계의 토대를 다졌다."[6] 뉴턴의 전기 작가 윌리엄 스터클리William Stukeley가 밝혔듯, 뉴턴의 머리로 사과가 떨어진 적은 없었으나 뉴턴이 떨어지는 사과에서 영감을 얻은 것은 사실이다.

물체는 힘을 받지 않는 한 속도가 빨라지거나 느려지지 않는다. 우리가 물체를 밀면, 자연스럽게 물체는 일직선으로 영원히 이동한다. 지구에서 물체가 정지하는 이유는 물체 운동을 방해하는 힘인 공기 저항과 마찰이 존재하기 때문이다. 하지만 운동을 방해하는 힘이 작용하지 않는 환경(예컨대 우주)에서 우리가 물체를 밀면, 물체는 계속 이동한다. 이러한 원리는 갈릴레오 시대부터 어느 정도 알려져 있었다.

그런데 낙하하는 물체는 일정한 속도를 유지하지 못하고 점점 빨라진다. 이를 증명하는 간단한 방법은 사과를 3센티미터 높이에서 떨어뜨리는 상황과 6미터 높이에서 떨어뜨리는 상황을 상상하는 것이다. 두 번째 상황에서 사과는 더 빠른 속도로 땅에 부딪혀 훨씬 심하게 손상될 것이다. 즉, 사과는 떨어지면서 속도가 빨라지며 오래 떨어질수록 낙하 속도가 더욱 빨라진다. 뉴턴은 떨어지는 물체에는 그 물체를 떨어뜨리는 힘이 작용한다는 사실을 깨달았다.

물체가 낙하하는 이유는 오로지 물체와 공기에만 있지 않았다. 사과와 공기는 방정식의 일부에 불과했고, 아르키메데스의 이론은 불완전했다. 수천 년 동안 인류가 간과한 부분은 세 번째 물체, 즉 지구가 물체의 낙하와 관련되어 있다는 점이었다.

뉴턴은 사과가 낙하하는 과정에서 지구가 단순한 최종 도착지가 아닌 결정적인 요인임을 깨달았다. 사과는 밀도만으로 떨어지는 게 아니라, 지구가 끌어당기기 때문에 떨어지는 것이었다. 지구는 보이지 않는 힘을 발휘하며 사과를 일직선으로 떨어지게 했다. 이는 지구에 모든 물체를 안쪽으로 끌어당기는 힘의 장이 있는 까닭이었다. 뉴턴은 이러한 힘에 무게를 뜻하는 라틴어 단어 그라비타스gravitas에서 따온 중력gravity이라는 이름을 붙였다.

중력은 달이 공기보다 밀도가 높아도 지구로 떨어지지 않는 이유를 설명했다. 달과 지구는 둘 다 보이지 않는 중력장을 지녀 서로를 끊임없이 끌어당긴다. 그런데 달과 지구는 계속 움직이고 있고, 달이 지구로 떨어지려 하면 지구는 다른 위치로 움직여 새로운 방향으로 달이 떨어지도록 유도한다. 이러한 과정이 반복되면, 달은 결국 지구 주위를 빙글빙글 돌게 된다.

지구와 태양도 마찬가지로 서로를 끌어당긴다. 지구는 태양으로 떨어지려 하며 태양 주위에서 둥근 궤도를 따라 움직인다. 태양은 은하의 중심으로 떨어지려 하며 궤도 운동한다. 이러한 움직임은 무한히 계속된다.

뉴턴의 중력 발견은 단순히 물체가 떨어지는 이유를 알아낸 성과에 그치지 않는다. 중력은 지구와 하늘을 연결하는 첫 번째 아이디어였다. 사과가 따르는 법칙은 우주 만물의 움직임을 지배하는 법칙과 동일했다. 뉴턴은 우주 만물이 따라야 하는 법칙, 다른 말로 물리 법칙이라는 진정 놀라운 아이디어를 떠올렸다.

재봉틀 이야기

1846년 미국 공학자 일라이어스 하우Elias Howe는 직물 두 개를 효율적으로 결합하는 방법을 발명하려 시도했다. 그리고 수년 동안 설계에 몰두한 끝에, 꿈에서 해결책을 찾았다.

꿈속에서 이름 모를 나라의 왕은 하우에게 24시간 안에 재봉틀을 발명하지 못하면 처형할 것이라 선언했다. 하우는 현실에서와 마찬가지로 재봉틀 아이디어를 떠올리지 못했고, 왕의 전사들에게 붙들려 인근 처형장으로 끌려갔다.

죽음을 향해 끌려가는 동안, 하우는 왕의 전사들이 끝부분에 구멍이 뚫린 거대한 창을 들고 있음을 알아차렸다. 새벽 4시에 잠에서 깬 그는 곧장 그림을 그리기 시작했다. 불현듯 명쾌한 아이디어가 떠올랐다. 바늘의 날카로운 끝부분에 실 구멍을 뚫는 것이다(세상의 다른 모든 바늘은 날카로운 끝부분의 반대쪽에 실 구멍이 있다)!

바늘의 날카로운 끝부분에 실을 꿰면, 직물을 관통해 아래로 내려가는 바늘 끝부분을 따라 실이 직물 밑에 도착한다. 그러면 회전하는 실패(보빈 bobbin이라고 부른다)에 감긴 밑실이 바늘 끝에 꿰인 실에 매듭을 형성한다. 다음으로 바늘 끝부분이 다시 직물 위로 올라가면, 매듭이 고정되어 바늘땀이 성공적으로 생성된다. 하우는 재봉틀을 발명했다.[7]

모두 상대적이다

독일 출신 물리학자 알베르트 아인슈타인은 최초로 전 세계에 명성을 떨친 과학자였다. 당대에 아인슈타인은 전설로 칭송받을 만했다. 다만 언론은 그의 아이디어를 대중에 설명하는 것에 어려움을 겪었다.

아인슈타인의 아이디어 가운데 일부는 설명하기 쉽지만, 다른 일부는 극도로 까다롭다. 예컨대 그에게 노벨상을 안겨준 발견으로, 빛이 전자기파일 뿐만 아니라 광자 photon라는 입자로 이루어졌다는 개념은 설명하기 난해하다(이 역설이 해결되는 과정을 간략히 알고 싶다면 부록 5를 참고하라. 혹시 돈을 좀 더 투자하고 싶다면 내가 양자물리학을 주제로 쓴 책《양자역학 이야기》를 구입하라).

그런데 아인슈타인이 남긴 가장 위대한 두 가지 업적은 특수상대성이론(1905년)과 특수상대성이론이 확장된 형태인 일반상대성이론(1916년)이다.

특수상대성이론은 아인슈타인이 10대였을 때부터 흥미를 느낀 주제로, 우리가 다른 물체를 상대로 어떻게 움직이는지에 따라 변화하는 현상을 다룬다. 빛은 광자라는 입자로 이루어졌으며 항상 초속 약 3억 미터로 이동한다. 빛의 속력에는 예외가 없다. 전구, 별 등 어디서 방출되었든 상관없이 빛은 늘 같은 속력으로 이동한다. 왜 그럴까?

1905년 5월 어느 날 저녁 아인슈타인은 베른 특허청에서 일을 마치고 귀가하던 중 답을 떠올렸다. 도시 광장 중심에는 거대한 시계탑이 있었고, 시계가 정각을 가리킨 시점에 아인슈타인은 발걸음을 멈추었다. 아쉽게도 정확한 시각은 기록되어 있지 않지만, 그는 시계를 바라보며 유레카의 순간을 맞이했다.[8]

시계탑에서 멀리 떨어져 시계를 본다고 상상해 보자. 시계에서 오는 광자가 우리 눈의 망막에 도달하여 시간을 알려줄 것이다. 그런데 우리가 초속 약 3억 미터로 시계탑에서 멀어진다고 가정하자. 어떤 현상이 일어날까?

우리가 빛을 이루는 광자와 같은 속력으로 이동하고 있다면, 광자는 우리 눈을 따라잡을 수 없다. 따라서 시곗바늘이 계속 돌아가더라도 우리는 그 변화를 눈으로 확인할 수 없을 것이다. 우리에게 도달하려는 정보보다 우리가 앞서 움직이기 때문이다. 한 시간 뒤에도 우리는 시곗바늘이 같은 시간을 가리키는 장면을 볼 것이다.

멈추는 것은 시계뿐만이 아니다. 새로운 광자가 우리 눈에 도달하지 못하므로, 이후 일어나는 모든 일이 정지된 상태로 관찰된다. 아인슈타인은 광자의 관점에서 보면 외부 우주가 정지된 것처럼 보인다는 사실을 깨달았다. 광자는 시간을 경험하지 않는다.

이제는 이 아이디어를 확장하여 다른 시나리오를 상상해 보자. 우리는 빛의 속력보다 조금 느리게 시계탑에서 멀어지고 있다. 이번에는 시곗바늘이 똑딱이는 모습을 볼 수 있지만, 광자가 여러분에게 도달하기까지 시간 지연이 발생한다. 시곗바늘이 움직이고는 있지만, 움직이는 속력이 매우 느리다. 다시 말해 우리가 시계탑 옆에 서 있으면 시곗바늘은 정상 속력으로 움직이지만, 시계탑에서 점점 빠르게 멀어질수록 우리가 보는 관점에서 시곗바늘의 속력은 느려진다.

아인슈타인이 깨달은 바에 따르면, 시간은 우주의 모든 존재가 동일하게 경험하는 불변의 값이 아니었다. 시간은 상대 속력에 따라 달라진다. 우리가 다른 물체에 대해 상대적으로 빠르게 움직일수록, 우리 눈에는 그 물체가 느리게 움직이는 것처럼 보인다.

시계탑은 여전히 1초에 한 번씩 시곗바늘을 움직이지만, 우리가 속도를 높일수록 시계탑의 상대적 시간은 느려진다. 이처럼 우리가 외부 우주를 왜곡되게 관찰하는 동안, 우리는 우리의 시간이 정상적으로 흐른다고 느낀다. 반면 시계탑 관점에서 우리의 시간은 아주 빠르게 흐를 것이다.

시계를 들고 서로 다른 방향을 향해 서로 다른 속력으로 움직이는 두 사람은 시간이 얼마나 지났는지를 두고 다른 의견을 낼 것이다. 그러므로 시간은 상대적이다.

아인슈타인의 깨달음에서 탄생한 특수상대성이론은 빛과 시간과 운동을 수학적으로 설명하는 복잡한 이론으로, 빛이 항상 초속 약 3억 미터로 이동하는 이유를 밝혔다. 물체가 빠른 속력으로 움직일 수록, 물체가 경험하는 시간은 느려진다.

달리 표현하자면, 광자는 가능한 한 빨리 이동하려 한다. 다만 초속 약 3억 미터에 도달하면 광자 관점에서 흐르는 시간이 멈추므로 더는 빠르게 이동할 수 없다. 따라서 초속 약 3억 미터는 사실상 빛의 속력이 아닌 우주의 제한 속력이다. 초속 약 3억 미터보다 빠르게 이동하는 것은 불가능하며, 이는 0보다 느린 시간을 경험할 수 없기 때문이다.

아인슈타인은 특수상대성이론에 중력, 질량, 에너지 개념을 포함해 더욱 강력한 일반상대성이론으로 확장했다. 이는 그가 수학적으로 고뇌하며 연구에 열중한 결과였다. 한편 이 모든 것의 출발점인 특수상대성이론은 아인슈타인이 그저 시간을 확인하기 위해 시계탑을 올려다본 결과였다.

또 다른 빛 이야기

물체가 방출한 빛줄기 덕분에 귀중한 유레카의 순간을 맞이한 주인공은 아인슈타인과 베른시 중심 시계탑만이 아니었다. 1934년 12월 도로 건설업자 퍼시 쇼Percy Shaw는 요크셔주 브래드퍼드에 자리한 올드돌핀펍 Old Dolphin pub에서 출발해 집으로 돌아가고 있었다. 늦은 밤이었고 안개가 자욱했으며 도로 정비 중이어서 가로등도 없었다. 쇼가 앞이 제대로 보이지 않아 길을 헤매는 도중, 전방 어둠 속에서 밝은 불빛 두 개가 문득 그를 비추었다.

얼룩무늬 고양이가 벽돌 담장에 앉아 다가오는 쇼의 자동차를 바라보는 동안, 자동차 전조등 불빛이 고양이 망막을 비춘 결과였다. 고양이 눈 반사광이 없었다면, 쇼는 담장을 보지 못하고 치명적인 충돌 사고를 일으켰을 것이다.

쇼는 작은 고양이들을 설득해 도로 중심을 따라 일렬로 세우고 집까지 길 안내를 받고 싶다고 생각했다. 이때 그는 아이디어를 떠올

렸다(아마도 자신의 직업이 도로 건설업자라는 사실을 기억해 냈을 것이다).[9]

쇼가 개발한 캣츠아이 cat's eye는 고무로 둘러싸인 작은 반사판으로, 다가오는 자동차 전조등 불빛을 포착한다. 게다가 캣츠아이는 기발하게도 비가 내리면 빗물이 고이는 공간이 있어, 자동차가 캣츠아이 위로 지나가면 고여 있던 빗물이 분출되어 반사판을 깨끗이 씻어낸다.

제2차 세계대전 당시 사람들은 도시 윤곽을 드러내지 않기 위해 가로등을 켜지 않았으며, 따라서 캣츠아이가 무척 유용했다. 나치 전투기에서는 보이지 않는 캣츠아이 반사광 덕분에, 사람들은 한밤중에도 자동차를 운전하며 도로가 어디인지 분간할 수 있었다.[10]

캣츠아이는 불빛에 놀란 고양이 덕분에 개발된 기발한 발명품이다. 만약 고양이가 다른 길을 응시하고 있었다면, 그는 분명 연필깎이를 발명했을 것이다(고양이 항문과 연필깎이 구멍의 생김새가 닮았다는 점에서 유래한 유머 – 옮긴이).[11]

생명에 얽힌 추문

1950년대 초반 세계 최고의 생화학 연구소 두 곳이 경쟁을 벌이고 있었다. 목표는 데옥시리보핵산 deoxyribose nucleic acid: DNA이라는 화학 물질의 구조를 밝히는 것이었다.

1944년 캐나다계 미국인 의사 오즈월드 에이버리 Oswald Avery는 실험으로 DNA가 유전 물질, 즉 유전 정보를 담은 화학 물질임을 거의 확실히 증명했다.[12] 문제는 DNA가 유전에 어떻게 관여하는지 아무도 알지 못한다는 점이었다.

DNA는 몇몇 간단한 구성 요소를 포함한다는 것 이외에 다른 특별한 사항은 없다고 알려져 있었다. DNA의 구성 요소는 인산염 phosphate과 리보스 ribose(보통 리보스 분자는 산소를 많이 함유하지만, 이 리보스 사슬은 산소를 적게 함유하는 까닭에 '탈산소화된(데옥시) 리보스 deoxygenated ribose'다)로 이루어진 기다란 사슬 형태의 분자와 아데닌 adenine, 티민 thymine, 구아닌 guanine, 시토신 cytosine(짧게 줄여 ATGC) 등 네 가지 염기 분자였다. 그런데 이들이 전부였다. 너무도 단순했다. 데옥시리보스/인산염 사슬과 네 가지 염기 분자? 이토록 단순한 알파벳으로 어떻게 생물의 방대한 유전 정보를 전부 암호화할 수 있을까?

킹스칼리지런던에서는 로절린드 프랭클린 Rosalind Franklin과 모리스 윌킨스 Maurice Wilkins가 연구를 주도하고, 케임브리지대학교에서는 제임스 왓슨 James Watson과 프랜시스 크릭 Francis Crick이 연구를 진행했다. 왓슨과 크릭이 소속된 케임브리지 연구팀은 뛰어난 성과를 거두었지만, 프랭클린과 윌킨스가 소속된 런던 연구팀은 그렇지 못했다. 수년 동안 모리스 윌킨스는 여성을 혐오하고 괴롭혀 무수히 비난받으면서도[13] 항상 잘못을 부인하고, 로절린드 프랭클린과의 마찰을 단순한 성격 충돌로 치부했다.[14]

DNA에서 데옥시리보스/인산염 사슬이 나선 구조를 이루고 염기 A, T, G, C가 빨랫줄에 걸린 빨래집게처럼 뻗어 나와 있는 형태라고 처음 제안한 인물은 프랭클린이었다.[15] 왓슨은 (프랭클린이 DNA 나선 구조를 언급하는 강연을 들은 직후) '프랭클린과 같은 결론'에 도달하고, 크릭과 함께 3차원 모형을 제작해 DNA 분자에서 어느 부분이 서로 맞물리는지 조사하기 시작했다.

왓슨과 크릭은 처음에 DNA 구조를 밝혔다고 알리고, 윌킨스와 프랭클린을 케임브리지로 초청해 DNA 3차원 모형을 보여주었다. 프랭클린은 모형의 90퍼센트가 틀렸을 뿐만 아니라, 모형 안팎이 거꾸로 뒤집혔다고 지적했다. 왓슨과 크릭은 데옥시리보스/인산염 사슬이 분자 안쪽에서 서로 뒤틀려 있도록 배치했는데, 이는 물리적으로 불가능한 구조였다. 데옥시리보스/인산염 사슬은 서로를 밀어내므로, 왓슨과 크릭이 제안한 DNA는 산산조각 날 것이다.

프랭클린은 그 후 3년간 DNA에 관한 모든 정보를 신중하게 수집하고 사슬 일부분이 이루는 각도를 계산한 끝에, DNA 분자 측면의 윤곽을 포착하는 데 성공했다. 그동안 왓슨과 크릭은 DNA 구조를 알아내는 데 실패했고(두 사람은 바보짓을 한 이후 연구에서 배제되었다),

왓슨은 런던을 방문해 킹스칼리지 연구팀과 이야기를 나누며 그들이 무엇을 알아냈는지 확인하자는 기막힌 아이디어를 떠올렸다.

왓슨은 프랭클린에게 프랭클린 본인이 얻은 데이터도 해석하지 못한다며 비난했고, 두 사람은 연구실에서 격렬한 언쟁을 벌였다. 윌킨스는 왓슨을 위로하기 위해 프랭클린이 포착한 DNA 사진을 보여줬다. 왓슨은 그 사진을 베껴 그려서 케임브리지 연구소로 가져갔다. 왓슨과 크릭은 또한 프랭클린이 얻은 수치 데이터도 입수했는데, 프랭클린이 미발표 논문을 검증받기 위해 데이터를 제출한 기관에서 두 사람의 지도교수가 일했기 때문이다.

분명히 밝히자면, 과학에는 표절이라는 개념이 존재하지 않는다. 과학은 사실에 관한 지식 체계이고, 사실은 사유 재산이 아니다. 오히려 과학자는 자기 아이디어를 타인이 활용해 주기를 바라는데, 그러한 과정을 거치며 아이디어가 검증되기 때문이다. 그러므로 왓슨과 크릭이 프랭클린의 연구 성과에 접근하는 비밀 열쇠를 얻었던 일은 불법이 아니다. 타인의 데이터를 허락 없이 사용했다고 해서 과학 교도소에 갇히지는 않는다. 다만 명예롭지 않을 뿐이다.

왓슨과 크릭은 몰래 입수한 데이터로 연구에 전념했지만 수수께끼를 해결하지 못했다. 전혀. DNA는 바깥쪽에서 데옥시리보스/인산염 사슬 두 가닥이 이중 나선 구조를 이루고, 안쪽에는 염기가 이중 나선에 수직으로 배열되어 있다. 이는 마치 데옥시리보스/인산염이 세로대, 염기가 가로대에 해당하는 꼬인 사다리와 같다.

크릭은 데옥시리보스/인산염 세로대가 이른바 역평행 antiparallel 구조로 배열되었다고 추론했지만(부록 6을 참고하라), 염기 분자의 크기가 전부 달랐다. 크기가 제각각인 분자들을 이중 나선 안에 쌓을 방법은 없었다. 이는 동전 다발을 한 줄로 쌓아 올리는데, 동전 지름이 전부 달라서 매끄러운 원통형으로 쌓을 수 없는 것과 같다. 어떻게 하면 크기가 다른 염기 네 종류가 들어가고도 DNA 구조가 찌그러지지 않을 수 있을까?

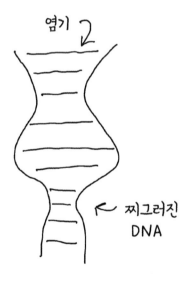

그러던 중 유레카의 순간이 찾아왔다. 그런데 유레카의 순간이라는 표현은 당시 상황을 고상하게 언급하는 것이다. 더욱 바람직하게 표현하자면, 두 사람과 같은 부서에서 일하는 동료가 왓슨의 사무실을 우연히 지나가다가 수수께끼의 답을 알려줬다. 이 상황은 진정 터무니없는 까닭에 만일 영화 대본으로 쓴다면, 비평가들은 개연성이 없다며 혹평할 것이다. 그러면서 화면으로 팝콘을 던지며 작가들이 안일하다고 투덜대겠지만, 실제로 그렇게 되었다.

어느 날 저녁 왓슨은 염기 모형을 쳐다보며 괴로워하고 있었고, 이때 우연히 지나가던 과학자 제리 도노휴Jerry Donohue와 대화를 나누게 되었다. 왓슨이 수수께끼를 대강 설명하자, 도노휴는 그저 흥미로워하며 고개를 끄덕였다.

도노휴는 왓슨과 크릭이 연구한 염기 분자의 세계적 전문가였다. 그리하여 두 사람의 연구에 진전이 없는 이유를 알아차렸다. 모든 교과서에 잘못된 정보가 수록된 탓이었다. 교과서에서 염기 네 종류는 크기가 제각기 다르다고 설명되지만 실제로는 큰 분자와 작은 분자, 두 종류로 구분되었다.[16]

도노휴는 대수롭지 않게 폭탄 발언을 마치고 사무실 밖으로 나갔고, 왓슨은 모형을 뚫어지게 쳐다본 끝에 최종 결론을 도출했다. A는 T와, C는 G와 짝을 이루며 두 분자 쌍은 폭이 같다. 사슬을 따라 염기를 배열하며 큰 염기 분자와 작은 염기 분자를 짝지으면, 이중 나선의 폭은 일정하게 유지된다.

염기들은 폭을 일정하게 유지하는 상태로 짝을 이루며 DNA 세로대를 따라 배열된다. 이중 나선 안쪽의 염기 서열은 방대한 정보를 저장할 수 있을 정도로 복잡하다. 하지만 겉에서 보기에 DNA는 단순하고 균일해 보인다.

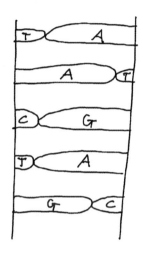

왓슨과 크릭은 프랭클린과 윌킨스를 상대로 승리했다. 두 연구팀은 연구 결과를 같은 학술지에 함께 발표했고, 이는 과학적 협력 정신을 드러내기 위한 행동이었으리라 추정된다. 하지만 왓슨과 크릭은 논문에서 프랭클린의 데이터를 '알지 못했다'라고 명시하며 그 정신을 훼손했다.[17] 두 사람이 독자적으로 아이디어를 도출했다고 타인에게 확신을 주고 싶지 않다면, 논문에 그러한 문구를 넣어야 하는 타당한 과학적 근거는 없다.

왓슨, 크릭, 윌킨스는 DNA 구조를 밝힌 공로로 결국 노벨상을 받았다. 로절린드 프랭클린은 그보다 4년 전에 안타깝게도 난소암으로 세상을 떠났고, 마땅한 인정을 받지 못했다.

훗날 윌킨스와 왓슨은 프랭클린을 부당하게 대했다는 이유로 과학계에서 거세게 비난받았다. 게다가 왓슨은 공교롭게도 여성[18]과 유대인[19] 그리고 흑인[20]을 비하하는 발언을 하고 수많은 직책과 직위를 박탈당했다. 하지만 제리 도노휴가 우연히 DNA의 정체를 가르쳐 준 덕분에, 왓슨은 DNA 구조를 밝히는 유레카의 순간을 맞이했다.

변기 세정제

중력 법칙이나 생명의 비밀만큼 획기적인 발견은 아니지만, 변기 세정제는 무시하면 안 될 멋진 발견이다. 수많은 사람의 집에 변기가 있고, 이 모든 사람이 변기를 깨끗하게 유지하고 싶어 하기 때문이다. 변기 세정제를 발명한 사람과 그에게 영감을 선사한 유레카의 순간을 얕보지 말자.

제1차 세계대전 후, 해리 픽업 Harry Pickup 은 런던에서 군의 폭발물 제조 공장을 청소하는 일을 맡았다. 픽업은 공장을 치우는 동안 폭탄의 분말 잔여물을 물로 씻어냈다. 그런데 분말 잔여물이 물에 녹으면 주위 표면에 쌓인 석회질을 벗겨낸다는 사실을 발견했다.

석회질은 탄산칼슘calcium carbonate이 쌓인 것으로, 인체에 전혀 해롭지 않지만 보기 흉하고 제거하기 어렵다. 픽업이 청소하려던 분말 잔여물은 질산(폭탄 제조에 사용된다)을 만드는 과정에 나오는 부산물인 황산나트륨sodium sulfate이었다. 황산나트륨은 수용성으로 물에 녹으면 황산을 생성하는데, 픽업이 발견했듯 황산은 석회암을 녹인다.

픽업의 발견은 변기 청소할 때마다 부식성 강한 황산이 담긴 병을 들고 다니지 않아도 된다는 점에서 유용하다. 분말인 황산나트륨을 물에 넣으면 수면 아래에서 황산이 생성되므로, 황산을 직접 변기에 부을 필요가 없다. 석회질이 녹아 사라지는 단순한 현상을 발견하고, 픽업은 저렴한 데다 효율적인 변기 세정제 아이디어를 얻었다.

픽업은 사업을 시작했고, 석회질 제거 분말을 하픽Harpic이라는 상품명(그의 이름 해리 픽업 HARry PICkup에서 유래했다)으로 시판했다.[21] 앞서 언급한 아인슈타인에 비견할 유레카의 순간은 아닐지 모르겠으나, "만약 내가 폭탄용 화학 물질을 변기에 넣는다면 어떤 일이 일어날까?"라고 생각한 남자를 우리는 존경해야 한다.

우연을 예상하다

책의 초안에서 나는 가장 좋아하는 과학 작가인 아이작 아시모프Isaac Asimov의 명언을 인용하며 서두를 시작할 계획이었다.

과학에서 들을 수 있는 가장 흥분되는 말이자 새로운 발견을 예고하는 말은 '유레카!'가 아니라 '그거 재밌네……'다.

훌륭한 인용문이고, 아시모프가 했을 법한 말이지만, 실제로 누가 이 문장을 처음 썼는지는 알려지지 않았다. 플레밍이 페니실린을 발견하고 '재밌네'라고 말했다고 알려졌지만, 문장의 나머지 부분은 윤색되었다.

나는 최종적으로 G. K. 체스터턴의 인용문을 선택했는데, 책의 분위기와 어울릴 뿐만 아니라 유레카 순간이 담긴 이야기를 몇 편 수록하고 싶었기 때문이다. 그런데 아시모프 교수에게 최소한의 경의를 표하지 않으면 아쉬울 것 같으므로, 그가 제안한 아이디어를 언급하며 글을 마무리하겠다.

아시모프는 독창적인 소설 《파운데이션Foundation》 시리즈에서 인류가 자기 운명을 예측하는 방법을 찾은 미래를 상상했다. 개인의 행동을 예측하는 일은 불가능하지만, 집단의 전반적인 경향을 파악하는 일은 쉬울 수 있다. 이는 단일 원자의 격렬한 움직임을 예측하기란 어렵지만 원자 수조 개의 흐름을 파악하기는 수월한 것과 마찬가지다.

아시모프는 소설에서 이처럼 미래를 예측하는 학문을 '심리역사학psychohistory'이라 부른다. 소설 속 과학자들은 심리역사학을 활용해 인류가 임계점을 넘어 절멸에 이르도록 이끈다. 그런데 《파운데이션》 시리즈 제2권에서는 수수께끼의 인물이 느닷없이 등장해 사람들의 마음을 통제하고 행동을 조작한다. 그로 인해 심리역사학을 통한 예측이 어긋나며 문제가 발생하기 시작한다.

'뮬Mule'로 알려진 이 강력한 책략가는 텔레파시를 써서 정부 고위 인사와 지도자를 조종하며 정치적 주도권을 잡으려 한다. 얼마 지나지 않아 신중하게 보정된 심리역사학 방정식은 위험에 처하고, 과학자들은 뮬이 은하계의 안정성을 위협하기 전에 진로를 수정할 방법을 찾아 나선다.

나는 아시모프가 창조한 '뮬'이라는 인물이 '역사에서 아무도 예상하지 못했지만 결국 모든 것을 바꾸어 놓은 순간'을 은유한다고 종종 생각한다. 이는 홍콩에서 나비가 날갯짓하면 로스앤젤레스에 햇빛이 비치는 대신 비가 내린다는 말과 의미가 통한다.

현실 세계에는 아직 초기 단계이긴 하나, 아시모프가 제시한 심리 역사학과 유사한 학문이 존재한다. '역사동역학 cliodynamics'은 경제학, 사회학, 인류학, 진화역사학을 결합해 인간 노력의 흐름을 수학적으로 모델링하려 시도한다. 그런데 아시모프의 소설과 마찬가지로, 역사동역학은 극복 불가능한 문제에 직면한다. 때때로 무작위적 현상이 발생한다는 점이다.

하지만 이 책에서 거듭 설명했듯, 인류는 계획이 틀어지는 순간에도 전반적으로 꾸준히 깨달음을 향해 가고 있었다. 인간은 실수에서 배우고 지식을 통합하는 놀라운 능력을 지녔다. 우리는 원시 상태에서 출발했지만 보다 나은 세상을 향해 한 걸음씩 전진해 왔으며, 앞으로도 끊임없이 나아갈 것이다. 세상은 완벽한가? 절대 그렇지 않다. 인류는 머나먼 여정을 지나왔는가? 당연히 그렇다. 그리고 우리는 영원히 멈추지 않을 것이다.

우리는 새로운 발견에 주목하며 예상을 빗나가는 측정값에도 관심을 기울일 것이다. 인류는 혼란과 불운을 쉼 없이 마주하겠지만 역경을 딛고 일어나 실패에서 교훈을 얻을 것이다.

인류가 산더미처럼 쌓인 도전 과제를 어떻게 해결해 나갈지는 예측 불가능하다. 해결책은 인간이 의도한 대로 도출되지 않기 때문이다. 그러나 의도했든 의도하지 않았든, 과학은 우리 종족을 구할 것이다.

| 부록 |

놀라운 주기율표 이야기

주기율표에는 자연 발생 원소가 92개 있고, 그중 68개는 우연히 발견되었다(이 가운데 2개는 각각 해조류에서 나왔다). 드미트리 멘델레예프는 원소의 배열 방식을 알아내려 하다가 기이한 계기로 우연히 주기율표를 만들었다.

멘델레예프는 원소의 성질이 적힌 카드를 패턴에 맞춰 배열하는 게임을 고안했다(지금까지 발명된 1인용 카드놀이 중에서 가장 따분할 것이다). 72시간 동안 잠도 자지 않고 게임에 몰두하다가 쓰러진 그는 자신이 만든 카드가 패턴에 따라 배열되는 꿈을 꿨는데, 그 패턴이 주기율표였다.

멘델레예프가 만든 주기율표는 화학의 판도를 송두리째 바꾸었다. 화학적 성질을 기준으로 원소를 분류할 뿐만 아니라, 아직 발견되지 않은 원소로 채워질 빈자리를 남겼기 때문이다.

화학적 사고방식이 발전한 과정을 이야기하면 그 자체로 책 한 권

분량이지만(《원소 이야기》를 참고하라. 그리고 책을 구입해 친구들에게 선물하자), 그러한 발전은 상당 부분 우연히 일어났기 때문에 이 책에서 다룰 만한 가치가 있다. 다만 원소를 일일이 상세하게 설명하기보다는 각 원소가 분리된 과정을 간략히 소개하려 한다. 나는 원소 92개를 일곱 가지 유형으로 분류했다.

우연한 발견: 해당 원소는 누구도 찾으려 하거나 예측하지 않았으나 그냥 발견되었다.

불순물: 해당 원소는 실험자가 연구하는 다른 대상 물질과 섞인 불순물이었다.

분해 실험에서 발견: 해당 원소는 누군가가 다른 대상 물질이 무엇으로 구성되었는지 확인하려고 산성 물질, 연소, 전기 등 다양한 방법으로 분해 실험하던 중 예기치 않게 발견되었다.

분광학 실험에서 발견: 해당 원소는 다른 물질 안에 숨어 있다가, 외부에서 열을 가하자 원인 모를 빛을 방출했다.

무작위 실험에서 발견: 해당 원소는 누군가가 다른 물질과 한데 섞어 무작위로 실험하다가 운 좋게 발견했다.

예측됨: 해당 원소는 멘델레예프의 주기율표로 예측되거나 존재가 강력히 의심되었다.

고대부터 알려짐: 해당 원소는 고대 기록에 남아 있지만 식별 과

정은 알려지지 않았다.

1번 수소 Hydrogen (H): 무작위 실험에서 발견

1671년 영국 과학자 로버트 보일 Robert Boyle은 실험 도중 염산에 쇳조각을 조금 넣었다. 그러자 '악취를 풍기는 기체가 뿜어져 나왔고'[1], 보일은 악취가 너무도 불쾌하여 그 실험에 관해 더는 글을 쓰고 싶지 않았다고 한다.

그 지독한 악취가 나는 기체는 정체가 명확히 밝혀지지 않았다(내가 추측하기에는 철에서 흔히 발견되는 황 불순물이 염산과 반응하여, 계란 썩는 냄새를 풍기는 황화수소 hydrogen sulfide를 생성한 것 같다). 그런데 보일이 실험에서 발생시킨 다른 기체는 촛불에 닿자 격렬한 폭발을 일으켰다.

이처럼 폭발을 일으킨 기체로 정밀하게 실험한 인물은 영국 과학자 헨리 캐번디시 Henry Cavendish였다. 1766년 캐번디시는 해당 기체를 병에 모아 공기 중에서 불을 붙이자 물이 생성되는 현상을 발견했다.[2] 그는 기체에 '물을 생성하는 자'를 뜻하는 그리스어 단어 '히드로 게네스 hydro-genes'에서 따온 이름을 붙였다.

2번 헬륨 Helium (He): 분광학 실험에서 발견

1868년 프랑스 천문학자 피에르 얀센 Pierre Janssen은 개기일식이 일어나는 동안 태양이 방출하는 빛을 연구하고 있었다. 그가 관찰한 빛은 대부분 지구의 수소 기체에서 생성되는 빛과 일치했다. 그런데 태양에서 파장이 587.49나노미터인 낯선 빛이 발견되었고, 이는 기록된 다른 어느 빛과 일치하지 않았다.

처음에 얀센은 그 빛이 소듐 sodium에서 유래한다고 착각하며, 친구이자 영국 천문학자인 노먼 로키어 Norman Lockyer와 상의했다. 로키어는 발견한 빛이 지구 밖의 원소에서 유래한다고 결론지었고, 두 사람은 새로 발견한 원소에 그리스 태양신 헬리오스 Helios에서 따온 이름을 붙였다. 헬륨은 지구에서 발견되기 전에 우주에서 발견된 유일한 원소다.[3]

3번 리튬 Lithium (Li): 우연한 발견

1800년 브라질 정치가 호세 보니파시오 데 안드라다 에 실바 Jose Bonifacio de Andrada e Silva는 우퇴 Utö섬의 광산을 방문하는 동안 분류되지 않은 바위를 발견했다. 그는 바위가 어딘가에 부딪혔을 때 쪼개지는 모습에 착안하여, '잎 형태'를 뜻하는 그리스어 단어 페탈론 petalon에서 이름을 따 바위를 '페탈라이트 petalite'라고 불렀다.

우퇴섬을 여행하던 어느 날, 실바는 페탈라이트 조각을 불에 떨어뜨리자 불꽃이 빨간색으로 변하는 현상을 발견했다. 하지만 그의 이야기를 믿는 사람도, 심지어 페탈라이트가 존재한다고 믿는 사람도 없었다. 그로부터 17년이 지나고 스웨덴 광물학자 E. T. 스베덴셰르나 E. T. Svedenstjerna가 페탈라이트와 빨간색 불꽃을 다시 발견했다. 스베덴셰르나는 친구인 화학자 요한 아르프베손 Johann Arfvedson에게 페탈라이트 시료를 보내며 분석을 요청했고, 아르프베손은 빨간색 불꽃을 일으키는 원소를 식별했다. 그리고 발견한 원소에 '돌'을 의미하는 그리스어 단어 리토스 lithos에서 따온 이름을 붙였다.[4]

4번 베릴륨 Beryllium (Be): 예측됨

1798년 프랑스 광물학자 르네 아위 René Haüy는 에메랄드 emerald와 베릴 beryl이 같은 보석이 아니라는 결론에 도달했다. 둘 다 알루미늄과 산소, 규소를 함유하지만 무언가 다르다고 확신했다. 아위는 자신이 옳다는 것을 증명하기 위해, 친구인 루이 보클랭 Louis Vauquelin에게 시료를 보내며 분석을 요청했다. 보클랭은 실제로 베릴에 함유된 새로운 원소를 발견했다. 처음에 보클랭은 새로운 원소가 단맛이 나는 화합물을 형성한다는 이유로, '단맛'을 뜻하는 그리스어 단어 글리코스 glykos에서 따온 '글루시늄 glucinium'이라는 이름을 제안했다. 하지만 결국 베릴륨은 베릴륨을 함유하는 보석의 이름을 따서 결정되었다('녹주석 turquoise gemstone'을 뜻하는 그리스어 단어 베릴로스 beryllos에서 유래함).[5]

5번 붕소 Boron (B): 분해 실험에서 발견

1808년 영국 화학자 험프리 데이비 Humphry Davy는 용액의 전기 전도도를 측정하고 있었다. 데이비는 배터리의 양쪽 말단을 액체에 꽂으면 대부분 전류가 액체를 통해 쉽게 흐른다는 점을 알았다. 그런데 붕사 borax(붕사는 최소 2,000년 전부터 알려진 광물이어서 이름의 유래가 불분명하다) 용액으로 전기 전도도를 측정하자, 배터리 한쪽 말단에 갈색 잔여물이 쌓이는 현상이 발견되었다.

이러한 현상의 원인은 알 수 없는 원소의 대전된 입자가 용액에 떠다니고 있었기 때문이다. 데이비가 전류를 흘려보내자, 그 대전된 입자들은 배터리의 한쪽 말단으로 끌려가 순수한 붕소 덩어리를 생성했다.[6]

6번 탄소 Carbon (C): 고대부터 알려짐

탄소는 생물을 구성하는 물질이 불에 타면 남는 주요 원소다. 따라서 누군가가 또는 무언가가 불길에 휩싸이거나 벼락에 맞아 검게 탄 잔해를 남겼을 때, 탄소가 발견되었을 가능성이 높다. 나는 탄소가 우연히 발견된 원소에 가깝다고 생각한다.

7번 질소 Nitrogen (N): 우연한 발견

1772년 스코틀랜드 화학자 대니얼 러더퍼드 Daniel Rutherford의 반려 쥐가 죽었다. 러더퍼드가 쥐를 밀폐된 상자에 넣은 까닭에, 상자 안의 산소가 이산화탄소로 전환되며 쥐는 산소 부족으로 목숨을 잃었다. 러더퍼드는 이산화탄소로 가득한 상자 안에서 양초에 불을 붙여 보았지만, 녹은 밀랍과 반응할 산소가 없어 촛불이 오래 지속되지 않았다.

러더퍼드는 상자 안의 기체를 이산화탄소 흡수 물질인 석회수에 통과시켜 보았다. 그런데 이산화탄소가 제거된 뒤에도 상자 안에는 여전히 기체가 남아 있었다. 공기 중에는 쥐가 흡수하지 못하는 다른 기체가 존재했다.[7] 러더퍼드는 이 기체를 '유해한 공기 noxious air' 라고 불렀다. 그런데 프랑스 화학자 장 샤프탈 Jean Chaptal은 그 기체가 질산칼륨 nitre을 생성한다는 사실을 발견하고, 질산칼륨 생성 nitregenus을 의미하는 질소 nitrogen로 기체 이름을 바꾸었다.[8]

8번 산소 Oxygen (O): 다양한 경로로 발견

산소를 최초로 분리했다고 주장할 만한 과학자는 여러 명 있다. 1602년 폴란드 연금술사 미하엘 센디보기우스 Michael Sendivogius는 초석(질산칼륨)을 태우면 기체(오늘날 산소로 추정된다)가 생성된다는 사실을 발견했다.[9] 영국 화학자이자 신학자인 조지프 프리스틀리는 1774년 민트 잎에서 쥐를 살리는 기체가 나오는 현상을 발견하고, 대니얼 러더퍼드와 같은 방식으로 쥐 여러 마리를 죽이기도 했다.[10]

18세기 후반 프랑스 화학자 앙투안 라부아지에 Antoine Lavoisier는 공기 중에서 금속이 연소하면 더욱 무거워지는 현상을 발견하며, 금속과 눈에 보이지 않는 원소가 결합함을 입증했다(2.7미터짜리 돋보기로 햇빛을 모아 수은을 연소시키는 실험을 수행했다).[11] 라부아지에는 금속과 결합한 원소에 '산을 생성하는 자'를 뜻하는 그리스어 단어 옥시스 게네스 oxys-genes에서 따온 이름을 붙였다. 그가 아는 수많은 산성 물질에 산소가 포함되어 있었기 때문이다.

9번 플루오린 Fluorine (F): 예측됨

플루오린화 수소산 Hydrofluoric acid은 물에 광물인 형석 fluorite을 녹여 만든 물질로, 1670년 독일 유리 절단공 하인리히 슈반하르트 Heinrich Schwanhard가 이 물질로 우연히 안경을 손상시킨 이후 유리 부식 etching 공정에 쓰였다. 많은 화학자가 이 부식성 강한 산 성분을 분리하려고 노력했고(일부는 그 과정에 목숨을 잃었다), 마침내 1886년 프랑스 화학자 앙리 무아상 Henri Moissan이 성분 분리에 성공했다.[12] 플루오린이라는 이름은 '흐르다'를 뜻하는 라틴어 단어 플루에르 fluere에서 유래했는데, 제련 혼합물의 흐름을 향상할 때 형석이 쓰였기 때문이다.

10번 네온 Neon (Ne): 우연한 발견

1894년 영국 화학자 윌리엄 램지 William Ramsay 는 강연에 참석해 레일리 경 Lord Rayleigh 이 발견했다는 이상한 현상에 관한 이야기를 들었다. 화학 반응에서 얻은 질소 기체는 공기 중에서 얻은 질소 기체와 밀도가 달랐다. 공기에는 산소와 질소가 포함되었다고 알려져 있었고, 레일리 경은 공기 중 질소가 화학적으로 생성된 질소와 성질이 다른 이유를 설명할 수 없었다.

램지는 좀 더 자세히 연구하기 위해 공기를 액체 상태로 냉각시킨 다음 산소와 질소를 천천히 분리했다. 그 결과 공기를 담았던 관에 액체가 남아 웅덩이로 고여 있는 모습을 발견했다. 공기 중에 한 가지 물질이 미량으로 존재하는 게 분명했다.

후속 연구 결과, 램지의 예측은 틀렸다고 밝혀졌다. 공기 중에 존재하는 미량 원소는 한 가지가 아니었다. 다섯 가지 미량 원소가 존재했다. 이 기체들은 이전 실험에서 감지된 적이 없었는데, 반응성이 전혀 없어 늘 간과되었기 때문이다.

램지의 웅덩이에서 동시에 발견된 이 기체들은 '평범한' 원소와 상호작용하지 않는 까닭에 귀족 기체라고 명명되었다. 헬륨(이미 태양에서 발견되었다), 네온, 아르곤 argon, 크립톤 krypton, 제논 xenon 이 있었다. 네온이라는 이름은 '새로운'을 뜻하는 그리스어 단어 네오스 neos 에서 유래했다.[13]

11번 소듐 Sodium (Na): 분해 실험에서 발견

1807년 험프리 데이비는 붕소와 유사한 방식으로 소듐도 분리했다. 소듐은 수산화나트륨 수용액의 전기 전도도를 측정하던 중 발견되었다. 생석회 Quicklime 는 두통을 치료한다고 여겨져 대개 약용으로 소비되었으며, 소듐이라는 명칭은 '두통약'을 의미하는 라틴어 단어 소다눔 sodanum 에서 유래했다.[14]

12번 마그네슘 Magnesium (Mg): 분해 실험에서 발견

마그네슘도 험프리 데이비가 1808년 수행한 배터리 실험에서 발견되었다. 당시 데이비는 그리스 마그네시아 Magnesia 지역에서 엡솜염 Epsom salt (황산마그네슘을 다량 함유한 소금 – 옮긴이) 용액에 전류를 흘려보내고 있었다.[15]

13번 알루미늄 Aluminium (Al): 예측됨

험프리 데이비는 1808년 알루미늄의 존재도 예측했지만, 성공적으로 분리하지는 못했다. 1824년 덴마크 화학자 한스 외르스테드(3장에서 언급한 전자기 효과도 발견한 인물이다)는 염화알루미늄을 반응성이 높은 다른 금속과 반응시켜 염소를 제거하고 알루미늄만 남기며 분리에 성공했다. 알루미늄이라는 이름은 '쓴맛'을 뜻하는 라틴어 단어 '알룸 alum '에서 유래했는데, 알루미늄 화합물에서 쓴맛이 나기

때문이다.[16]

14번 규소 Silicon (Si): **예측됨**

스웨덴 화학자 옌스 야코브 베르셀리우스 Jons Jacob Berzelius 는 멘델레예프의 주기율표에서 13번 원소와 15번 원소 사이의 빈 자리를 채울 원소를 찾고 있었다. 1823년 그는 부싯돌 조각에서 그 원소를 발견하고, '부싯돌'을 뜻하는 라틴어 단어 실리시스 silicis 에서 딴 이름을 붙였다.[17]

15번 인 Phosphorus (P): **우연한 발견**

현대에 최초로 분리된 원소는 1669년 독일 연금술사 헤니히 브란트 Hennig Brandt 가 발견했다. 브란트는 금을 얻으려고 노력하다가, 자신의 소변을 끓여 금이 들었는지 확인한다는 아이디어를 떠올렸다. 소변이 황금색을 띤다는 점에서, 그는 소변에서 물을 제거하면 금을 추출할 수 있으리라 생각했다.

브란트는 금 대신 노란색 분말을 얻었고, 어떤 이유에서인지 그 분말을 순수한 숯과 함께 구웠다. 이러한 처리 과정은 분말에 함유된 요소 urea 를 태워 없애며 다른 성분인 인을 노출시켰다.

브란트가 새롭게 얻은 백청색 분말은 어둠 속에서 빛을 뿜었고(인이라는 이름은 '빛을 가져다주는'을 뜻하는 그리스어 단어에서 유래했다), 물속에서 불이 쉽게 붙었다. 그는 군대에서 소변 통을 가져와 자택 실험실에서 끓여 대규모로 인을 생산했고, 그러는 동안 아내의 재산을 탕진했다.[18]

16번 황 Sulfur (S): 고대부터 알려짐

17번 염소 Chlorine (Cl): 무작위 실험에서 발견

염소는 1774년 스웨덴–독일 의약화학자 칼 셀레 Carl Scheele가 병에서 산화망간 14그램(0.5온스)을 염산과 반응시키고 뚜껑을 열어둔 채 따뜻한 장소에 방치하던 중 발견되었다. 셀레는 병에서 풍기는 기체의 냄새에 주목하면서도, 그 기체가 원소라는 점은 깨닫지 못했다(이는 험프리 데이비가 증명했다). 하지만 나는 염소 기체를 최초로 분리해 낸 공로를 셀레가 인정받아야 한다고 생각한다.[19] 염소는 옅은 녹색을 띠며, '녹색'을 뜻하는 그리스어 단어 클로로스 chloros에서 이름이 유래했다.

18번 아르곤 Argon (Ar): 우연한 발견

아르곤은 윌리엄 램지의 관에 고인 액체에서 발견되었다. 아르곤이라는 이름은 '게으른'을 뜻하는 그리스어 단어 아르고스 argos에서 유래했는데, 반응성이 없기 때문이다.[20]

19번 포타슘 Potassium(K): 분해 실험에서 발견

포타슘 또한 험프리 데이비가 1807년 수행한 배터리 실험에서 발견되었다. 당시 데이비는 잿물 potash에 전류를 흘려보내고 있었다. 잿물의 영문명 포타시는 문자 그대로 항아리 pot 속에서 나무를 태우면 발견되는 재 ash라는 사실에서 유래한다.[21]

20번 칼슘 Calcium(Ca): 분해 실험에서 발견

칼슘은 험프리 데이비가 배터리 실험으로 발견했다. 이번에는 석회암(탄산칼슘)에 전류를 흘려보냈다. 칼슘이라는 이름은 '석회암'을 뜻하는 라틴어 단어 칼크스 calx에서 유래한다.[22]

21번 스칸듐 Scandium(Sc): 예측됨 / 분해 실험에서 발견

드미트리 멘델레예프는 20번 원소와 22번 원소 사이에 간격이 있다는 점에서, 이 원소의 존재를 예측했다. 그런데 실제로는 1879년 스웨덴 화학자 라르스 닐손 Lars Nilson이 주기율표에 대해 들어본 적이 없는 상태에서 발견했다. 닐손은 광물인 산화이테르븀 ytterbia을 분해하여 구성 성분을 조사하던 중 원소를 발견하고, 스칸디나비아 Scandinavia에서 따온 이름을 원소에 붙였다.[23]

22번 티타늄 Titanium (Ti): 무작위 실험에서 발견

티타늄은 1791년 영국 신부 윌리엄 그레거 William Gregor가 산성 물질과 반응하는 검은 모래에서 분리했다. 그레거는 검은 모래를 발견한 콘월 마나칸 Manaccan valley 계곡에서 이름을 따 마나카나이트 menachanite로 원소를 명명했다. 그러나 최종적으로는 독일 화학자 마르틴 클라프로트 Martin Klaproth가 제안한 이름으로 결정되었으며, 이는 그리스 신화에 등장하는 대지의 자손인 티탄 Titan 종족에서 따온 이름이었다.[24]

23번 바나듐 Vanadium (V): 분해 실험에서 발견

1801년 멕시코 화학자 안드레스 마누엘 델 리오 Andres Manuel del Rio는 빨간색을 띠는 광물인 갈연석 vanadinite (이 광물은 아름다운 외형 덕분에 북유럽 신화에 등장하는 미의 여신 바나디스 Vanadis에서 유래한 이름으로 불렸다)을 분석하다가 바나듐을 분리했다. 처음에 안드레스의 발견은 오류로 치부되었고, 그는 크로뮴 시료를 잘못 식별했다는 말을 들었다. 그러나 30년 뒤 추가 분석이 진행되고 그가 옳았음이 입증되었다.[25]

24번 크로뮴 chromium: 분해 실험에서 발견

1794년 루이 보클랭은 시베리아 금광에서 채취한 광물인 크롬철석 chromite 을 분해하여 크로뮴을 분리했다. 크롬철석은 일반적으로 빨간색 염료에 쓰인다. 크로뮴이라는 이름은 '색'을 뜻하는 그리스어 단어 크로마 chroma 에서 유래하는데, 크로뮴 화합물이 다양한 색을 띠기 때문이다.[26]

25번 망가니즈 Manganese (Mn): 무작위 실험에서 발견

1774년 요한 간 Johan Gahn 은 광물 망가네시아 manganesia (그리스 마그네시아 Magnesia 지역에서 따온 이름이다) 시료를 가열하고 망가니즈를 발견했다.[27] 망가네시아의 영문 철자에 n이 2개 들어가게 된 과정은 정확히 알려지지 않았다(마그네시아에는 n이 1개 들어 있다 – 옮긴이).

26번 철 Iron (Fe): 고대부터 알려짐

27번 코발트 Cobalt (Co): 예측된…듯함

코발트는 인에 뒤이어 두 번째로 분리된 원소다. 스웨덴 화학자 게오르그 브란트 George Brandt (헤니히 브란트와는 아무런 관련이 없으며 기막힌 우연의 일치일 뿐이다)가 1735년 분리했다. 브란트는 의도를 품고 원소를 찾았는데, 당시 사람들이 독일 광산의 금속 광석에서 유령(코볼드 kobold)이 나온다고 믿었기 때문이다.

코볼드 광물은 유리를 파란색으로 물들이는 데 사용되고, 기묘한 자기적 성질을 보이며, 보편적인 방식으로는 제련되지 않는다. 게다가 코볼드 광물이 있는 환경에서 일하는 사람들은 이따금 설명 불가능한 질병을 앓았다(이는 코발트에 중독된 결과다). 브란트는 이러한 현상의 원인이 유령이 아닌 금속이라는 사실을 발견했다.[28]

28번 니켈 Nickel(Ni): 분해 실험에서 발견

1751년 스웨덴 광물학자 악셀 크론스테드 남작 Baron Axel Cronstedt 은 단단한 광석에서 구리를 추출하다가, 구리와 비슷하지만 완전히 같지 않은 낯선 금속을 발견했다. 남작은 발견한 금속을 쿠퍼니켈 kupfer-nickel이라고 불렀는데, 이는 독일어로 '악마의 구리'라는 의미이다.[29]

29번 구리 Copper(Cu): 고대부터 알려짐

30번 아연 Zinc(Zn): 고대부터 알려짐

31번 갈륨 Gallium(Ga): 분광학 실험에서 발견

프랑스 화학자 폴 에밀 르코크 Paul-Emile Lecoq는 광물인 피에르파이트 pierrefite의 빛 스펙트럼을 분석하다가, 이전에 기록된 어느 빛과도 일치하지 않는 보라색 빛줄기를 두 개 발견했다. 그는 피에르

파이트 52킬로그램을 수산화나트륨 수용액에 넣고 끓여 새로운 원소를 분리하는 데 성공했다.[30, 31] 르코크는 그 원소에 '프랑스'를 뜻하는 라틴어 단어 갈리아Gallia에서 따온 갈륨이라는 이름을 붙였다. 그런데 일부 사람들은 그가 교활하게도 자신의 이름을 따서 명명했다고 의심했다. 르코크는 프랑스어로 '수탉cockerel'을 뜻하며, 수탉을 라틴어로 번역하면 '갈루스gallus'다.[32]

32번 저마늄 Germanium(Ge): 우연한 발견 / 불순물

1885년 9월 독일 작센 지방의 히멜스푸르스트Himmelsfurst 광산에서 지하 0.5킬로미터 지점에 갱도 붕괴 사고가 발생하고, 아기로다이트argyrodite라는 새로운 은색 광석이 드러났다. 이듬해 2월 클레멘스 빙클러Clemens Winkler는 아기로다이트에서 은을 추출하다가 성가신 불순물이 섞여 있음을 알아차렸다. 그는 발견한 물질에 조국 '독일'을 뜻하는 라틴어 단어 게르마니아Germania에서 따온 이름을 붙였다.[33]

33번 비소 Arsenic(As): 고대부터 알려짐

34번 셀레늄 Selenium(Se): 불순물

1817년 스웨덴 화학자 엔스 야코브 베르셀리우스와 그의 친구 요한 간은 그립스홀름 근처에서 황산 공장을 운영하고 있었다. 두 사람이 사용한 방법은 황산을 제조하는 표준 방식이었으며, 지금도 여전히 사용하는 방식이다. 황으로 가득한 광물인 황철석 pyrite을 공기 중에서 가열해 진한 빨간색을 띤 이산화황 sulfur dioxide 연기를 생성한다. 그런 다음 차가운 수증기를 퍼 올려 이산화황 연기를 흡수시키면 황산이 만들어진다.

그런데 두 사람은 공장 가동을 시작한 뒤, 반응실에 들러붙은 정체불명의 빨간색 분말을 발견했다. 그들이 사용한 황철석에는 불순물이 함유되어 있었고, 황이 전부 연소하고 남은 불순물이 빨간색 분말로 발견된 것이었다.

베르셀리우스가 조사한 결과, 빨간색 분말은 텔루륨 등 알려진 원소와 비슷했지만 연소하는 동안 겨자무 horseradish 냄새를 강하게 풍겼다. 따라서 이 분말은 알려진 물질이 아니었다. 그는 그리스 신화에 등장하는 달의 여신 셀레네 Selene에서 따온 셀레늄 selenium이라는 이름을 물질에 붙였다. 이는 베르셀리우스가 셀레늄이라는 단어의 발음을 좋아했기 때문으로 추정된다.[34]

35번 브로민 Bromine (Br): 분해 실험에서 발견

1825년 프랑스 화학자 앙투안 발라르 Antoine Balard는 푸쿠스속 fucus 해조류를 태우다가 브로민을 발견했다. 푸쿠스속은 주요 영양제 성분인 아이오딘의 공급원으로 알려져 있었다. 그런데 발라르가 푸쿠스속을 태운 재를 물에 녹인 다음 녹말로 헹구자, '코를 찌르는 냄새'를 풍기는 갈색 액체가 소량 생성되었다. 발라르는 친구 M. 앙글라다 M. Anglada에게 조언받아, 발견한 물질에 '악취'를 뜻하는 그리스어 단어 브로모스 bromos에서 따온 이름을 붙였다.[35]

36번 크립톤 Krypton(Kr): 우연한 발견

크립톤은 윌리엄 램지의 관에 고인 액체에서 발견되었다. 크립톤이라는 이름은 '숨겨진'을 뜻하는 그리스어 단어 크립토스 kryptos에서 따왔다.[36] 이 원소가 발견되고 수년 뒤, 만화가 제리 시걸 Jerry Siegel과 조 슈스터 Joe Shuster는 특이하고 과학적으로 들린다는 이유로 슈퍼맨의 고향 이름을 크립톤으로 정했다.[37]

37번 루비듐 Rubidium(Rb): 분광학 실험에서 발견

루비듐은 1861년 독일 화학자 로베르트 분젠 Robert Bunsen(그는 버너 burner 발명가이자 분광기 발명가다)이 발견했다. 그는 레피도라이트 lepidolite 조각을 가열하면 진한 빨간색 빛이 방출된다는 사실을 발견했다. 루비듐이라는 이름은 '진한 빨간색'을 뜻하는 라틴어 단어 루비두스 rubidus에서 유래한다.[38]

38번 스트론튬 Strontium(Sr): 분해 실험에서 발견

스트론튬도 험프리 데이비가 1808년 수행한 배터리 실험에서 발견되었다. 이번에는 스코틀랜드 스트론티안 Strontian 지역에서 채취된 광석 시료가 실험에 쓰였다.[39]

39번 이트륨 Yttrium(Y): 분해 실험에서 발견

1789년 스웨덴 육군 중위 칼 아레니우스 Carl Arrhenius는 위테르뷔 Ytterby 지역의 광산을 둘러보다가 낯선 검은색 암석을 발견했다 (해당 광산에서는 훗날 스칸듐도 발견되었다). 아레니우스는 이 검은색 암석을 친구이자 과학자인 요한 가돌린 Johan Gadolin에게 보냈고, 가돌린은 새로운 원소의 존재를 확인한 다음 광산 이름을 따 이트륨이라고 명명했다. 이 원소는 정제하기 무척 까다로웠으며, 실제로 1828년 독일 화학자 프리드리히 뵐러 Friedrich Wohler가 최초로 이트륨을 분리했다.[40]

40번 지르코늄 Zirconium(Zr): 분해 실험에서 발견

이트륨 이야기와 비슷하다. 1789년 독일 화학자 마르틴 클라프로트는 이름이 멋진 광물 자군 jargoon 조각에서 새로운 원소를 발견했지만 분리하는 데 실패했다. 이후 1824년 옌스 야코브 베르셀리우스가 원소 분리에 성공했다. 자군이라는 광물 이름은 '황금색'을 뜻

하는 페르시아어 자군zargun에서 따왔는데, 이 광물이 옅은 금색을 띠기 때문이다.[41]

41번 니오븀 Niobium (Nb): 분해 실험에서 발견

니오븀은 1801년 영국 광물학자 찰스 해칫 Charles Hatchett이 광물 컬럼바이트columbite 시료에서 분리했다. 니오븀의 화학적 성질은 주기율표에서 바로 아래에 있는 탄탈룸과 비슷하다. 탄탈룸이라는 이름은 그리스 신 탄탈로스Tantalus에서 따왔으므로, 이 새롭게 발견된 원소의 이름은 탄탈로스의 딸 니오베Niobe에서 따왔다.[42]

42번 몰리브데넘 Molybdenum (Mo): 분해 실험에서 발견

광물 몰리브데나molybdena는 처음에 납을 함유한다고 여겨졌다. 이름도 '납과 비슷한'을 뜻하는 그리스어 단어 몰리브도스molybdos에서 유래했으며, 이처럼 혼란을 일으킨 데는 그만한 이유가 있었다. 실제로 몰리브데나는 이황화몰리브덴molybdenum disulfide과 흑연graphite의 혼합물이다. 흑연과 납은 생김새가 똑같아서, 과거 사람들은 납이라고 생각한 흑연은 추출하고 남은 이황화몰리브덴은 버렸다.

1776년 칼 셸레는 몰리브데나 조각에서 납을 추출해 달라고 요청받았다. 탁월한 화학자였던 그는 광물에서 납을 얻는 방법을 정확히 알았다. 그런데 몰리브데나에서는 납이 추출되지 않았고, 셸레는 모든 사람이 오해하고 있음을 직감했다. 몰리브데나에 납이 없다고 밝혀지자, 사람들은 그 광물의 정체에 호기심을 품었다. 몰리브데넘은 1781년 스웨덴 화학자 페테르 옐름 Peter Hjelm이 최초로 분리했다.[43]

43번 테크네튬 Technetium (Tc): 예측됨 / 우연한 발견… 둘 다 해당됨

테크네튬은 멘델레예프의 주기율표에서 42번 원소와 44번 원소 사이에 존재하리라 예측되었지만 가장 찾기 어려운 원소였다. 실제로 테크네튬은 주기율표의 마지막 '틈새'였다.

그 이유는 테크네튬이 불안정하여 오랫동안 존재하지 못하기 때문이다. 테크네튬이 불안정한 원인은 수수께끼이다. 테크네튬의 원자핵은 과도하게 많은 중성자를 포함한다. 그런데 물리학자에게 테크네튬을 불안정하게 만드는 요인이 무엇인지 물으면, 그들은 '원자핵 안정성'을 이야기하며 대답을 회피한다. 특정한 숫자의 양성자와 중성자가 불안정한 이유에 관한 질문에는 대답하지 않는다. 아무튼 테크네튬은 불안정하다.

테크네튬은 3장에서 언급했듯 1934년 페르미와 그의 연구팀이 최초로 합성했지만, 이들이 다른 원소로 착각하며 노벨상 수여에 혼란을 일으켰다.

기이한 점은 그 후 1937년 테크네튬이 우연히 다시 만들어져 발

견되었다는 사실이다. 미국 물리학자 어니스트 로런스Ernest Lawrence
는 입자가속기로 연구하던 중, 장치 내부에서 방사성을 가지게 된
낡은 몰리브데넘 금속을 제거했다. 로런스의 친구 에밀리오 세그
레Emilio Segre는 몰리브데넘 조각을 가져가 분석해도 되는지 물었고,
로런스는 흔쾌히 동의하며 캘리포니아에서 세그레가 사는 이탈리아
까지 방사성 몰리브데넘을 우편으로 보냈다.

이탈리아에서 세그레는 몰리브데넘 조각을 분석하고, 일부 몰리
브데넘 원자가 핵변환을 일으켜 테크네튬이 되었음을 확인했다. 로
런스는 테크네튬을 우연히 합성했다는 것을 깨닫지 못한 채, 항공
우편으로 테크네튬 시료를 다른 나라에 보낸 것이다. 테크네튬이라
는 이름은 '인공물'을 뜻하는 그리스어 단어 테크네토스teknetos에서
따왔다.[44]

44번 루테늄Ruthenium(Ru): 분해 실험에서 발견

러시아 황제 알렉산드르 1세Alexander I는 러시아 우랄Ural 광산에
서 채굴된 백금으로 루블 동전을 주조하도록 명령했다. 이는 광산에
매장된 무수한 광석에서 백금만 채굴되며 나머지 화학 물질은 전부
버려진다는 의미였다. 따라서 러시아 주화 공장에는 쓸모없는 광물
부산물이 산더미처럼 쌓였고, 화학자 칼 클라우스Karl Klaus는 그런
부산물을 분석한 끝에 1844년 루테늄을 발견했다.

클라우스는 흥분한 채 루테늄 시료를 옌스 야코브 베르셀리우스에게 보내며 검증을 요청했지만, 답변을 기다리기에 마음이 너무 조급한 나머지 분석 결과를 그냥 발표했다. 베르셀리우스는 루테늄 시료에 관심을 보이지 않으며 공개적으로 '지저분한 염류'라고 일축했다. 그러나 다행스럽게도 다른 화학자들이 시료의 정체를 확인하고 클라우스를 위기에서 구했다.

클라우스는 발견한 원소에 '러시아'를 뜻하는 라틴어 단어 '루테니아Ruthenia'에서 따온 이름을 붙였다(덧붙여 말하자면, 화학자 고트프리트 오산Gottfried Osann은 1827년 루테늄을 분리했지만 극히 미량이어서 식별이 불가능했다. 우연하게도 고트프리트 또한 루테늄으로 명명했는데, 이는 광석이 채굴된 산에서 따온 이름이었다).[45]

45번 로듐Rhodium (Rh): 불순물

로듐은 1803년 영국 광물학자 윌리엄 울러스턴William Wollaston이 광석에서 백금을 추출해 판매하려던 중 발견했다. 울러스턴은 백금에서 검은색 불순물을 우연히 발견했으며, 이 검은색 불순물은 물속에서 옅은 분홍색으로 변했다.[46] 그는 발견한 원소에 '장미'를 뜻하는 그리스어 단어 로돈rhodon에서 따온 이름을 붙였다(나는 '로돈'을 처음 들었을 때 고질라와 싸우는 익룡 '로단Rodan'으로 잘못 알아들었다).

46번 팔라듐 Palladium (Pd): 분해 실험에서 발견

1802년 윌리엄 울러스턴은 로듐을 찾은 백금 광석에서 팔라듐도 발견했다. 울러스턴은 근래에 발견된 소행성 팔라스 Pallas에서 따온 이름을 원소에 붙인 뒤, 어떤 이유에서인지 자신이 팔라듐의 발견자가 아닌 척을 했다. 그는 런던의 한 상점에 팔라듐 조각을 판매하면서 누가 그것을 줬는지 밝히지 않고, 대신에 '새로운 은'이라 불리는 원소라며 간단히 설명했다.

화학자 리처드 체네빅스 Richard Chenevix는 팔라듐을 백금과 수은의 합금으로 간주하며 공개적으로 원소로 인정하지 않았다. 그러자 울러스턴은 해당 합금을 제조하는 사람에게 포상금 20파운드(오늘날 가치로 환산하면 500파운드(85만원))를 주겠다고 익명으로 제안했다. 백금과 수은의 합금이라면 쉽게 복제되어야 했다. 하지만 모든 사람이 복제에 실패했고, 왕립학회는 팔라듐이 합금이 아니라 원소라는 점에 동의했다. 그러자 울러스턴은 자신이 복면을 쓴 화학자였다고 밝혔다.[47]

울러스턴이 이런 우회적인 경로를 택한 이유는 분명하지 않다. 어쩌면 자신이 얼간이처럼 보일까 염려되어 이름을 숨기고 다른 사람이 분석 결과를 검증하도록 유도하는 방법이었을지도 모른다. 그렇지 않다면, 리처드 체네빅스에게 앙심을 품고 체네빅스를 얼간이 취급 당하게 만드는 교묘한 심리 게임으로써 모든 일을 꾸몄을 수도 있다.

47번 은 Silver (Ag): 고대부터 알려짐

48번 카드뮴 Cadmium (Cd): 불순물

19세기 초 독일에서는 아연 화합물이 영양제로 판매되었다. 영양제에 함유된 아연은 대부분 벨기에 켈미스Kelmis 지역에서 생산되었는데, 불운하게도 이 지역 암석에는 주기율표에서 독성이 강한 원소로 손꼽히는 카드뮴이 불순물로 존재했다.

환자가 발생하기 시작하자, 의사 요한 롤로프Johann Roloff는 독성이 있는 무언가를 사람들이 섭취하고 있다며 우려했다. 그리고 약국 감독관 프리드리히 스트로마이어Friedrich Stromeyer에게 영양제를 조사해 달라고 요청했다. 롤로프와 스트로마이어는 아연 광산 소유주인 카를 헤르만Karl Hermann과 함께 문제를 일으킨 원소를 마침내 발견하고, '아연'을 뜻하는 라틴어 단어 카드미아cadmia에서 따온 이름을 붙였다.[48]

49번 인듐 Indium (In): 분광학 실험에서 발견

인듐은 1836년 독일 화학자 페르디난트 라이히Ferdinand Reich가 광물 황철석을 분석해 발견했다. 라이히는 색맹이었으므로, 히에로니무스 리히터Hieronymus Richter라는 독특한 이름을 가진 인물을 고용하여 색을 식별할 때 도움을 받았다. 라이히는 광물을 조사하던 중 우

연히 발견한 (또는 우연히 발견했다고 전해 들은) 진한 파란색 빛줄기를
토대로 새로운 원소를 식별하고, 아이작 뉴턴이 고안한 색인 인디고
에서 따온 이름을 붙였다.[49]

50번 주석 Tin (Sn): 고대부터 알려짐

51번 안티모니 Antimony (Sb): 고대부터 알려짐

52번 텔루륨 Tellurium (Te): 불순물

텔루륨은 1782년 프란츠 요제프 뮐러 폰 라이헨슈타인이 헝가리
금광의 광석에서 불순물로 발견했다. 라이헨슈타인은 발견한 원소
에 '지구의 of the Earth'를 뜻하는 그리스어 단어 텔루스 tellus에서 따온
이름을 붙였다.[50]

53번 아이오딘 Iodine (I): 우연한 발견

아이오딘은 1811년 프랑스 화학자이자 초석 제조업자인 베르나
르 쿠르투아 Bernard Courtois가 발견했다. 1800년대는 초석이 화약의
주요 성분이었으므로, 초석 제조는 수익성 높은 사업이었다.

초석의 주요 제조법은 해조류를 태우고 남은 재를 물에 헹구는 방
식이었다. 나머지 회색 침전물은 대개 쓸모가 없어 황산으로 조심스

럽게 녹이는 것이 표준 절차였다. 그러던 어느 날 쿠르투아는 침전물을 처리하다가 손이 미끄러져 용기에 황산을 너무 많이 부었다. 그러자 재가 격렬하게 반응하며 짙은 보라색 기체를 내뿜었고, 쿠르투아는 그 기체에 '보라색'을 의미하는 그리스어 단어 이오데스 iodes 에서 따온 이름을 붙였다.[51]

놀라운 점은 해조류 재를 황산으로 처리할 때마다 분명 아이오딘이 생성되었다는 사실이다. 다만 소량의 황산으로 재를 처리해 보라색 아이오딘이 극히 희박하게 생성되어 맨눈에 보이지 않았을 뿐이다. 쿠르투아가 보라색 기체를 발견한 것은 본인이 황산을 쏟은 덕분이다.

54번 제논 Xenon (Xe): 우연한 발견

제논은 윌리엄 램지의 관에 고인 액체에서 발견되었다. 제논이라는 이름은 '낯선 사람'을 뜻하는 그리스어 단어 제노스 xenos 에서 따왔다.[52]

55번 세슘 Caesium (Cs): 분광학 실험에서 발견

세슘은 1861년 로베르트 분젠이 독일 뒤르켐 Durkheim 지역에서 채취한 광천수 시료를 분광기로 분석해 발견했다(세슘은 이러한 방식으로 발견된 최초의 원소다). 시료에서 방출되는 빛줄기가 밝은 파란색이라는 점에서, 발견된 원소에 '하늘색'을 의미하는 라틴어 단어 카이시우스cacsius에서 따온 이름이 붙었다.[53]

56번 바륨 Barium (Ba): 분해 실험에서 발견

험프리 데이비는 1808년 마지막 배터리 실험을 광물 바리타baryta로 수행하고, 발견한 원소에 '무거운'을 뜻하는 라틴어 단어 바리스barys에서 따온 이름을 붙였다.[54] 데이비는 주기율표에서 자연 발생 원소를 가장 많이 발견한 기록을 보유하고 있으며, 발견 원소가 무려 7개다.

57번 란타넘 Lanthanum (La): 분해 실험에서 발견

란타넘은 1843년 스웨덴 화학자 칼 모산데르Carl Mosander(당시 베르셀리우스의 집에 머물렀다)가 광물 세라이트cerite를 분석하다가 발견했다. 모산데르는 이전에 세라이트에서 다른 원소(세륨)도 추출했지만, 이번 원소를 분리하는 데 훨씬 오랜 시간이 걸렸다. 따라서 발견한 원소에 '숨어 있는'을 뜻하는 그리스어 단어 란타닌lanthanin에서 따온 이름을 붙였다.[55]

58번 세륨 Cerium (Ce): 분해 실험에서 발견

1825년 칼 모산데르는 위에서 소개했던 광물 세라이트를 분석하다가 세륨을 발견했고, 세라이트에서 따온 이름을 붙였다. 광물 세라이트는 그보다 2년 전 발견된 왜행성 dwarf planet 세레스 Ceres에서 따온 이름으로 베르셀리우스가 명명했다.[56]

59번 프라세오디뮴 Praseodymium (Pr): 분해 실험에서 발견

1825년 모산데르는 광물 세라이트에서 세륨을 추출하고, 두 가지 원소가 결합한 형태로 추정되는 다른 물질이 남아 있음을 알아냈다. 1843년 그는 두 원소를 성공적으로 분리했다. 한 원소는 앞에서 언급한 란타넘이었다. 다른 원소는 란타넘과 성질이 쌍둥이 같았으므로, '쌍둥이'를 뜻하는 그리스어 단어 '디디모 didymo'에서 따온 이름인 디디뮴 didymium으로 명명되었다.

그런데 모산데르는 착각하고 있었다. 디디뮴은 사실 1885년 카를 벨스바흐 Carl Welsbach가 분리한 두 원소인 프라세오디뮴 praseodymium과 네오디뮴 neodymium의 혼합물이었다. 벨스바흐는 '녹색 leek green'을 뜻하는 그리스어 단어 프라시오스 prasios에서 따온 이름인 프라세오디뮴으로 원소를 명명했다.[57]

60번 네오디뮴 Neodymium (Nd): 분해 실험에서 발견

네오디뮴은 1885년 카를 벨스바흐가 프라세오디뮴과 동시에 발견했다. 벨스바흐는 '새로운 쌍둥이'를 의미하는 그리스어 단어 네오스 디디모스neos didymos에서 따온 이름인 네오디뮴으로 원소를 명명했다.[58]

61번 프로메튬 Promethium (Pm): 예측됨

프로메튬 이야기는 (원자핵의 기묘함 때문에) 극도로 불안정하다는 점에서 테크네튬 이야기와 비슷하다. 이미 60번 원소와 62번 원소가 알려져 있었으므로, 61번 원소 찾기는 시간문제였다. 이 원소는 1845년 제이콥 마린스키Jacob Marinsky, 로런스 글렌데닌Lawrence Glendenin, 찰스 코리엘Charles Coryell 등 미국 핵물리학자 세 명이 전쟁에 필요한 우라늄을 연구하던 중 발견했다.

세 핵물리학자는 앞서 기록된 적 없는 반감기를 지닌 원소를 미량 발견하고, 그것이 61번 원소라는 사실을 깨달았다. 이들은 발견한 원소에 불을 훔쳐 인간에게 준 죄로 형벌을 받은 그리스 신 프로메테우스Prometheus에서 따온 이름을 붙였다. 이는 찰스 코리엘의 아내 그레이스Grace가 제안한 이름으로, 그녀는 핵에너지의 위력과 위험성이 모두 반영된 이름으로 명명되기를 바랐다.[59]

62번 사마륨 Samarium (Sm): 분광학 실험에서 발견

사마륨은 1879년 폴 에밀 르코크가 광물 사마스카이트samarskite

를 분광기로 분석해 발견했다. 사마스카이트라는 이름은 이 광물이 발견된 광산의 책임자인 바실리 사마르스키 비호베츠 Vasili Samarsky-Bykhovets에서 유래한다.[60]

63번 유로퓸 Europium(Eu): 불순물

유로퓸은 1901년 외젠 아나톨 드마르세이 Eugene-Anatole Demarcay가 사마륨을 연구하던 중 발견했다. 드마르세이가 분광학 연구에 활용한 사마륨 시료에는 불순물이 함유되어 있었고, 그는 불순물을 원소로 식별했다.[61] 그리고 발견한 원소를 유로퓸으로 명명했는데, 이 이름은 황소로 변한 제우스에게 납치된 그리스 공주의 이름에서 유래한다.

64번 가돌리늄 Gadolinium(Gd): 분광학 실험에서 발견

1880년 스위스 화학자 장 마리냐크 Jean Marignac는 광물 가돌리나이트 gadolinite를 분광기로 분석해 새로운 원소를 발견했다. 가돌리나이트라는 이름은 마리냐크가 존경한 인물이자 핀란드 지질학자인 요한 가돌린에서 유래한다. 가돌린은 위테르뷔 광산에서 발견한 암석 조각에 이 원소가 존재할 가능성을 제안하면서도, 위테르뷔 광산에서 발견된 원소가 이미 너무 많으므로 그런 원소가 실제 존재한다면 유감스러울 것이라고 밝혔다(위테르뷔 광산에서는 스칸듐과 이트륨도

발견되었다).[62]

65번 터븀 Terbium(Tb): 불순물

1843년 칼 모산데르는 산화이트륨 yttria 조각을 분석하던 중 달갑지 않은 불순물이 새로운 원소임을 발견했다. 그는 이 원소에 이트륨, 스칸듐, 가돌리늄이 발견된 스웨덴 위테르뷔 광산에서 따온 이름을 붙였다.[63]

66번 디스프로슘 Dysprosium(Dy): 불순물

디스프로슘은 1886년 폴 에밀 르코크가 자기 집 벽난로 선반에서 발견했다. 르코크도 모산데르와 마찬가지로 산화이트륨을 연구하던 중 불순물을 발견하고, 30년간 끈질기게 추적한 끝에 마침내 원소로 분리해 냈다. 그는 발견한 원소에 '구하기 어려운'을 뜻하는 그리스어 단어 디스프로시토스 dysprositos에서 따온 이름을 붙였다.[64] 이처럼 어마어마한 노력 끝에 얻은 디스프로슘은 어디에 쓰일까? 아무런 용도가 없다. 디스프로슘은 주기율표에서 가장 무의미한 원소다.

67번 홀뮴 Holmium(Ho): 분광학 실험에서 발견

1878년 스위스 화학자 마크 드라폰테인 Marc Delafontaine도 산화이트륨에 함유된 불순물이 방출하는 빛을 분광기로 연구하다가 홀뮴을 발견했다.[65] 홀뮴이라는 이름은 '스톡홀름'을 뜻하는 라틴어 단어 홀미아 Holmia에서 유래한다.

68번 어븀 Erbium (Er): 불순물

어븀은 1843년 칼 모산데르가 광물 시료에서 불순물로 발견했다. 여기서 광물 시료는 여러분도 짐작할 수 있듯 산화이트륨이다. 모산데르는 진부하게도 터븀을 명명할 때와 마찬가지로, 스웨덴 위테르뷔 광산에서 이름을 따 어븀으로 원소를 명명했다.[66]

69번 툴륨 Thulium (Tm): 불순물

툴륨은 1879년 스웨덴 화학자 페르 클레베 Per Cleve가 발견했다. 이번 원소는 산화어븀 erbia이라는 다른 광물 시료에서 불순물로 발견되었고, 산화어븀은 다른 여러 광물처럼 위테르뷔 광산에서 채굴되었다. 클레베는 발견한 원소에 '스칸디나비아'를 뜻하는 그리스어 단어 툴레 Thule에서 따온 이름을 붙였다.[67]

70번 이터븀 Ytterbium (Yb): 불순물

이터븀은 1907년 카를 벨스바흐가 불순물이 섞인 가돌리나이트 시료에서 분리했다.[68] 이터븀이라는 원소 이름이 스웨덴의 어느 지역에서 유래했을지 추측해 보자.

71번 루테튬 Lutetium(Lu): 불순물

루테튬은 1907년 프랑스 화학자 조르주 위르뱅 Georges Urbain이 산화이테르븀에서 불순물로 발견했다. 산화이테르븀은 스톡홀름 군도의 특정 지역에서 흔히 발견되는 광물이다. 위르뱅은 발견한 원소에 자신의 고향 '파리'를 뜻하는 라틴어 단어 루테티아 Lutetia에서 따온 이름을 붙였다.[69]

72번 하프늄 Hafnium(Hf): 예측됨

하프늄은 멘델레예프의 주기율표로 예측되다가, 1911년 네덜란드 물리학자 디르크 코스터르 Dirk Coster와 헝가리 방사화학자 게오르크 드 헤베시 George de Hevesy가 노르웨이에서 채굴된 광물 지르콘 zircon 시료에서 발견했다. 처음에는 조르주 위르뱅이 하프늄을 발견했다고 주장했지만, 위르뱅이 제시한 시료는 이전에 그가 발견한 루테튬의 순수한 형태로 밝혀졌다.[70] 코스터르와 드 헤베시는 발견한 원소에 '코펜하겐'을 뜻하는 라틴어 단어 하프니아 Hafnia에서 따온 이름을 붙였다.

73번 탄탈룸 Tantalum(Ta): 분해 실험에서 발견

탄탈룸은 1802년 스웨덴 화학자 안데르스 에케베리 Anders Ekeberg가 광물 산화이트륨 시료를 분해해 발견했다.[71] 에케베리는 그리스 신화에 등장하는 탄탈로스Tantalus에서 따온 이름으로 원소를 명명했다. 탄탈로스는 모든 것을 아는 신의 능력을 시험하고 싶어서, 아들을 살해하고 그 고기를 잘게 다져 파이로 만들어 신들에게 바쳤다.

저지른 죄에 대한 형벌로, 탄탈로스는 물을 마시기 위해 몸을 숙일 때면 수위가 내려가는 방에 갇혔다(여기서 '감질나게 하다'라는 뜻의 영어 단어 탠털라이징tantalising이 나왔다). 에케베리는 이 소름 끼치는 설화에서 원소의 이름을 따왔는데, 탄탈룸은 물을 흡수하지 않기 때문이다. 이런 원소의 성질에서 탄탈로스 이야기를 떠올렸다는 점이 흥미롭다.

74번 텅스텐 Tungsten (W): 분해 실험에서 발견

텅스텐은 1783년 스페인의 파우스토 엘루야르Fausto Elhuyar와 후안 호세 엘루야르Juan José Elhuyar 형제가 광물 철망간중석wolframite을 분해해 발견했다.[72] 철망간중석의 영문명은 '늑대의 거품'을 뜻하는 독일어 단어 볼프 람wolf rahm에서 유래한다. 그런데 애초에 이 광물이 그런 이름으로 명명된 이유는 알려지지 않았다. 독일에서는 이 원소를 여전히 볼프람wolfram이라고 부르지만, 대부분의 영어권 국가에서는 '무거운 돌'을 뜻하는 스웨덴어 단어에서 따온 이름인 '텅스텐'이라고 부른다.

75번 레늄 Rhenium (Re): 분해 실험에서 발견

레늄은 1925년 독일 화학자 발터 노다크 Walter Noddack 와 이다 노다크가 광물 컬럼바이트, 가돌리나이트, 몰리브데나이트 molybdenite 를 분해해 발견했다. 두 사람은 발견한 원소에 독일 라인강(독일어로 Rhein)에서 따온 이름을 붙였다.[73]

76번 오스뮴 Osmium (Os): 불순물

오스뮴은 1803년 영국 과학자 스미스슨 테넌트 Smithson Tennant 가 발견했다. 백금을 왕수 aqua regia acid (진한 염산과 진한 질산을 3 대 1로 섞은 용액 – 옮긴이)에 녹이면, 용해되지 않는 불순물이 늘 나타났다. 과거에 백금은 이 달갑지 않은 회색 분말과 항상 섞여 있었고, 회색 분말은 흑연으로 오인되었다. 그런데 테넌트 이전에는 그 분말이 무엇인지 확인하려 한 사람이 없었던 것 같다. 테넌트는 회색 분말을 분석해 독특한 연기 냄새를 풍기는 새로운 원소를 추출하고, 그 원소에 '냄새'를 뜻하는 그리스어 단어 오스메 osme 에서 따온 이름을 붙였다.[74]

77번 이리듐 Iridium (Ir): 불순물

스미스슨 테넌트는 백금 광석에서 오스뮴을 발견할 때 또 다른 불순물로 이리듐도 발견했다. 발견한 원소의 염류가 아름다운 색을 띤다는 점에 착안하여, 그는 이 원소에 '무지개 여신'을 뜻하는 그리스어 단어 이리스Iris에서 따온 이름을 붙였다.[75]

78번 백금 Platinum (Pt): 고대부터 알려짐

79번 금 Gold (Au): 고대부터 알려짐

80번 수은 Mercury (Hg): 고대부터 알려짐

81번 탈륨 Thallium (Tl): 불순물

셀레늄이 황산 공장에서 발견된 과정을 기억하는가? 황을 채취한 황철석에 소량 함유된 셀레늄 불순물이 황산 반응실을 오염시켰다.

탈륨은 황철석과 정확히 같은 과정을 거쳐 발견되었다. 1817년 셀레늄 생산에 쓰인 황철석은 스웨덴 그립스홀름에서 채굴되었고, 탈륨 이야기에 등장하는 황철석은 1861년 하르츠Harz산맥에서 채굴되었다.

이번에도 황철석을 공기 중에서 가열하고 물에 녹여 황산을 제조하는 동안, 분말이 반응실에 들러붙어 엉망진창이 되고 생산이 중단되었다.

공장 소유주는 영국 과학자 윌리엄 크룩스William Crookes에게 조사를 의뢰했고, 크룩스는 분말을 분광기로 분석했다. 그 결과 분말이 방출하는 빛에서 이전에 기록된 적 없는 밝은 녹색 빛줄기가 발견되었다. 크룩스는 빛의 색이 식물 새싹과 비슷하다는 점에 착안하여, 발견한 원소에 '나무의 잔가지'를 뜻하는 그리스어 단어 탈로스thallos에서 따온 이름을 붙였다.

크룩스는 발견한 내용을 발표했고, 이듬해에 프랑스 과학자 클로드 오귀스트 라미Claude-August Lamy는 독자적으로 탈륨을 발견했다. 라미가 런던 왕립학회로부터 메달을 받자, 크룩스는 이내 분노하며 자신이 먼저 탈륨을 발견했으니 자신도 메달을 받아야 한다고 지적하는 편지를 썼다. 결국 두 과학자는 셀레늄과 유사한 원소를 비슷한 방식으로 발견한 공로로 메달을 중복 수상했다.[76]

82번 납 Lead: 고대부터 알려짐

83번 비스무트 Bismuth (Bi): 고대부터 알려졌으나 다른 원소로 오인됨

비스무트는 엄밀히 말해 고대부터 알려져 있었으나 납, 주석, 안티모니, 아연 등으로 오인되었다. 이런 금속들과 비교하면 비스무트는 중간에 해당하는 성질을 지녔으므로, 사람들은 비스무트를 다룰 때마다 다른 금속의 불순물 형태라고 단순하게 생각했다. 따라서 비스무트는 실제로 순수한 원소인데도 불순물로 오해받았다.

16세기 스위스 의사 파라셀수스Paracelsus는 비스무트가 뭔가 독특하다는 점을 깨닫고 그것을 '반쪽짜리 금속'이라고 불렀다. 그러나 자연이 납, 주석, 안티모니, 아연을 제대로 만들지 못한 결과가 비스무트라고 잘못 판단하고 말이다.

비스무트가 원소라는 사실이 밝혀진 시점은 1753년이다. 프랑스 화학자 클로드 조프루아Claude Geoffroy는 비스무트와 함께 네 가지 다른 금속 조각을 가져다 동일한 반응을 수행했다. 조프루아는 비스무트의 반응 양상이 네 가지 다른 금속 가운데 어느 하나와 가깝다고 설명할 수 없음을 입증했다. 비스무트는 제5의 금속이어야 했다.[77]

84번 폴로늄 Polonium (Po): 분해 실험에서 발견

폴로늄은 1898년 마리 퀴리와 피에르 퀴리가 역청우라늄석을 분해해 발견했다. 두 사람은 원래 우라늄 비축이 목적이었지만(3장 참조), 그 과정에 우연히 이 원소를 찾았다. 이들은 발견한 원소에 마리의 모국인 폴란드에서 따온 이름을 붙였다.[78]

85번 아스타틴 Astatine (At): ?

아스타틴은 어떤 의미에서 발견된 적이 없으므로 문제가 된다. 멘

델레예프의 주기율표는 아스타틴의 존재를 예측하지만, 안타깝게
도 아스타틴은 지구상에서 가장 드문 원소다. 이 원소는 지구 지각
을 통틀어 25그램 이상 존재하지 않는다고 추정되며, 이는 원소를
'발견'했다고 주장할 만큼 큰 덩어리를 입수한 사람은 없음을 의미
한다.

우리가 아스타틴을 얻는 가장 실현 가능한 방식은 원자 단위
로 합성하고 반감기를 확인하는 것이다. 이러한 방식으로 1940년
캘리포니아대학교 소속 화학자 데일 코슨Dale Corson, 켄 맥켄지 Ken
MacKenzie, 에밀리오 세그레는 아스타틴 원자 몇 개를 합성했고(이들
은 원소에 '불안정한'을 뜻하는 그리스어 단어 아스타토스astatos에서 따온 이름
을 붙였다),[79] 이는 오늘날까지 분리되지 않은 상태로 남아 있다.

86번 라돈 Radon (Rn): 분해 실험에서 발견 / 분광학 실험에서 발견

1899년에서 1900년 사이에 세 명의 연구자는 원소 라듐이 독특한
분광학적 성질을 지닌 방사성 기체를 소량 생성한다고 기록했다.

마리 퀴리는 관측한 데이터를 기록하며, 이는 다른 유형의 라듐
때문이라고 추정했다. 어니스트 러더퍼드는 같은 데이터를 기록하
면서 라듐이 아닌 다른 물질 때문일 수 있다고 주장했다(그런데 다른
물질이 무엇인지는 몰랐다). 프리드리히 도른Friedrich Dorn은 생성된 기
체를 분리해 그 물질이 원소일 수 있다고 제안했다. 따라서 '발견'을

어떻게 정의하느냐에 따라, 세 사람은 모두 라돈 발견자로 인정받을 수 있다.

실제로 각 연구팀은 같은 원소의 다른 유형(양성자 수는 같지만 중성자 수가 다르다)을 우연히 발견하고, 저마다 고유한 이름을 붙였다. 퀴리는 라디온 radion, 러더퍼드는 에머네이션 emanation, 도른은 라돈으로 명명하기를 원했다. 1931년 마리 퀴리는 러더퍼드 편에 서서 에머네이션을 지지했지만, 그 무렵 라돈이 더욱 간단한 이름이라는 이유로 이미 인기를 끌고 있었다.

1957년 국제순수·응용화학연합 International Union of Pure and Applied Chemistry: IUPAC은 도른이 제안하고 가장 널리 알려진 라돈을 앞으로 공식 이름으로 사용하기로 정했다. 도른이 제안한 라돈은 원소 라듐에서 따온 이름으로, 그 때문에 원소 이름을 둘러싼 혼란이 더욱 가중되었다.[80]

87번 프랑슘 Francium (Fr): 불순물

프랑슘은 아스타틴처럼 극히 드물어 다량 분리된 적이 없다. 그런데 1939년 물리학자 마르그리트 페레 Marguerite Perey가 악티늄 시료에서 무언가를 발견했다. 악티늄은 방사성 원소로 대개 많은 불순물을 함유한다. 페레는 모든 공인된 방법을 동원해 시료를 정제해 보았지만, 페레의 시료에서는 순수한 악티늄 고유의 방사능 특성이 나타나지 않았다. 그녀는 악티늄 시료에 다른 원소가 있음을 깨닫고, 그 원소에 모국인 프랑스에서 따온 이름을 붙였다.[81]

88번 라듐 Radium (Ra): 분해 실험에서 발견

1898년 마리 퀴리와 피에르 퀴리는 폴로늄을 발견하고 6개월 뒤 역청우라늄석을 분해해 라듐을 발견했다. 두 사람은 발견한 원소가 방사성 radioactive 물질이라는 점에 착안해 명명했다.[82]

89번 악티늄 Actinium (Ac): 분해 실험에서 발견

마리 퀴리와 피에르 퀴리는 역청우라늄석 연구를 마치고, 어떤 이유에서인지 후속 연구를 중단했다. 두 사람은 남은 역청우라늄석 시료를 친구 앙드레 루이 드비에른 André-Louis Debierne에게 건넸고, 드비에른은 그들이 놓친 다른 원소가 있는지 살펴보았다. 실제로 있었다. 이듬해에 드비에른은 새로운 원소를 발견하고, '빛'을 의미하는 그리스어 단어 악티노스 aktinos에서 악티늄으로 명명했다.[83]

90번 토륨 Thorium (Th): 분해 실험에서 발견

1828년 노르웨이 신부 모르텐 에스마르크 Morten Esmark는 로보야 Løvøya 섬을 돌아다니다가 전에 본 적 없는 검은색 암석을 우연히 발견했다. 에스마르크는 옌스 야코브 베르셀리우스에게 암석을 보내며 분석을 요청했고, 베르셀리우스는 암석을 부수고 내부에서 원소를 발견했다.[84] 그런 다음 자신이 가장 좋아하는 마블 Marvel 영웅 토르 Thor의 이름을 따서 원소를 명명했다.[85]

91번 프로트악티늄 Protactinium (Pa): 무작위 실험에서 발견

프로트악티늄은 1900년 윌리엄 크룩스가 우라늄 시료를 질산과 반응시킨 다음 에터에 녹여서 얻은 불순물로 발견되었다. 그런데 크룩스는 발견한 불순물이 순수한 원소임을 증명하지 못했다. 이는 1919년 리제 마이트너와 오토 한(처음에 그는 발견한 원소에 '아브라카다 브라 abracadabra'라는 암호명을 붙였다)이 달성했다. 발견한 원소가 89번 원소 악티늄으로 붕괴된다는 점에 착안하여, 두 사람은 '악티늄의 기원'을 뜻하는 그리스어 단어 '프로토악티늄 protos actinium'으로 원소를 명명했다. 결과적으로 원소 이름은 프로트악티늄이 되었다.[86]

92번 우라늄 Uranium (U): 무작위 실험에서 발견

우라늄은 1789년 마르틴 클라프로트 Martin Klaproth가 발견했다. 클라프로트는 역청우라늄석으로 장난치다가 질산에 녹여 보기로 했다. 그러자 노란색 케이크 같은 물질이 다량 생성되었고, 그는 이 물질을 숯과 반응시켜 검은색 가루를 얻었다. 클라프로트는 근래 발견된 행성이자 미성숙한 과학 작가들이 면밀히 조사하기를 즐기는 행

성인 천왕성 Uranus에서 이름을 따 원소를 명명했다.[87]

93~118번 원소

남아 있는 원소 가운데 두 개를 제외한 모든 원소는 주기율표에서 더 멀리 나아가기 위해 의도적으로 합성한 물질로, 무거운 원소를 가져다 놓고 가벼운 원소를 발사한 결과다.

예외는 최초 열핵폭탄 폭발의 부산물로 1952년 11월 1일 우연히 생성된 99번 원소 아인슈타이늄 einsteinium과 100번 원소 페르뮴 fermium이다. 두 원소 모두 미국 핵과학자 앨버트 기오소 Albert Ghiorso가 대기에서 발견했다. 그런데 이러한 사실은 보안 문제 때문에 외부 발설이 금지되었으며, 따라서 기오소는 역사에서 원소를 발견한 마지막 인물이 되었다.[88]

무지개가 생기는 과정

나는 물리 교사였을 때 '무지개가 생기는 과정'을 광학물리 수업에서 마지막 주제로 강의하곤 했다. 이 주제는 실생활에 적용하기 좋은 측면도 있지만, 다양한 기본 원리를 먼저 상세하게 짚고 넘어가지 않으면 설명하기 까다롭기 때문이다.

나는 보통 책으로는 누릴 수 없는 사치인 실험 시연과 영상물을 동원해 무지개를 강의하지만, 여기서는 아이작 뉴턴의 폭넓고 획기적인 통찰을 글로 간단히 설명해 보겠다.

인간의 눈 뒤쪽에 있는 분자는 700나노미터(빨간색)부터 380나노미터(보라색)까지 빛 파장에 반응한다. 가시광선은 이 범위 내의 파장 값을 모두 취할 수 있으므로, 어떤 의미에서 색의 가짓수는 무한하다. 그런데 문화적으로는 가시광선을 빨간색, 주황색, 노란색, 녹색, 파란색, 진한 파란색, 보라색으로 분류한다.

그런데 인간 눈에는 색상 감지 세포가 크게 세 가지 유형만 존재한다. 첫 번째 유형은 파장이 긴 빨간색/주황색에 반응하고, 두 번째 유형은 파장이 중간 길이인 노란색/녹색에 반응하고, 세 번째 유형은 파장이 짧은 파란색/보라색에 반응한다. 그런데 우리 눈이 동시에 하나 이상의 빛을 받는다고 가정하자. 빨간색과 녹색 빛이 우리 눈을 비추면, 첫 번째 유형과 두 번째 유형 세포가 반응해 중간색으로 평균화된다.

빨간색과 녹색 빛을 동시에 받으면 우리 뇌는 노란색으로 인식한다. 즉, 세상에는 '노란색 빛'이 두 종류 존재한다. 첫째는 파장이 약 570나노미터인 순수한 노란색이고, 둘째는 빨간색과 녹색 빛이 중첩된 노란색이다. 중간 파장 빛과 짧은 파장 빛이 우리 눈에 도달할 때도 같은 현상이 발생한다. 다만 이번에는 녹색과 파란색 빛이 평균화되어 청록색으로 인식된다.

그런데 빨간색과 파란색이 동시에 우리 눈에 도달해 첫 번째 유형과 세 번째 유형 세포가 반응하면 상황은 복잡해진다. 우리 뇌는 빛이 길고 짧다는 혼란스러운 신호를 받고, 우리의 마음은 그 빛을 이해하기 위해 색을 만들어 낸다. 이 색은 분홍색 또는 '자홍색 magenta'으로 불리며, 고유의 파장을 지니지 않는다. 우주의 어느 물체도 분홍색 빛을 내지 않는다. 이 색은 우리 머릿속에서 만들어 낸 환상에 불과하다. 분홍색 물체는 실제로 빨간색과 파란색 빛을 내고 있지만, 우리 뇌는 이러한 빛을 처리할 수 없다.

물체가 빨간색, 주황색, 노란색, 녹색, 파란색, 진한 파란색, 보라색 빛을 함께 방출할 때, 우리 뇌는 앞의 상황과 마찬가지로 빛을 처리하다가 과부하가 걸려 또 다른 색을 만들어 낸다. 그 결과가 '흰색'으로, 이는 외부 세계에는 존재하지 않으며 오직 우리 머릿속에만 존재하는 비분광 non-spectral 색이다.

나는 비분광색을 이야기하면서 아이들이 동시에 재잘대는 교실에 빗대곤 한다. 우리 뇌는 각각의 대화를 분리하지 못하고, 여러 사람이 웅성거리는 배경음으로 한데 뭉친다. 이와 같은 원리로 우리 눈은 흰색을 만들어 낸다. 검은색은 완전한 침묵이다. 빛을 전혀 방출하지 않는 물체를 볼 때, 우리 뇌는 명암으로 색 차이를 인식한다. 분홍색, 흰색, 검은색은 실재하는 색이 아니라, 물체가 여러 색을 동시에 띨 때 우리 마음이 만들어 내는 색이다.

이제 태양의 색을 설명할 차례다. 태양은 흰색이다. 착시 현상 때문에 가끔은 노란색으로도 보인다. 우리가 두꺼운 대기층을 통해 태양을 볼 때, 서로 다른 색의 빛은 대기 구성 원자에 부딪혀 다양한 각도로 반사된다. 파란색과 보라색처럼 파장이 짧은 빛은 에너지가 가장 강하므로, 대기를 가로질러 튕겨 나가며 녹색/파란색/보라색으로 나타난다. 그런데 우리 눈은 보라색에 민감한 세포가 많지 않으므로, 보라색을 제외한 녹색 + 파란색 = 청록색으로 하늘을 인식한다.

화창한 날 우리 눈에 보이는 하늘의 색은 실제로 대기에서 다른 방향으로 경로를 이탈한 햇빛이다. 이때 보라색은 우리 눈에 일부만 인식된다. 빨간색, 주황색, 노란색 등 에너지가 약한 빛은 공기 중에서 많이 튕겨 나가지 못하고 일직선으로 이동한다. 그래서 우리 눈에 태양 근처는 노란색/주황색으로, 태양에서 먼 하늘은 청록색으로 보인다.

우리는 일출과 일몰 때 훨씬 더 두꺼운 대기층을 통해 태양을 보게 되므로, 빛의 반사 효과가 더욱 뚜렷해진다. 즉, 태양 주변 하늘은 노란색/주황색으로 물들고 태양에서 아주 먼 하늘은 우리 눈에 띌 만큼 보라색으로 변한다.

좀 더 당혹스러운 사실을 밝히자면, 태양이 가장 많이 방출하는 색은 녹색이다. 태양이 빨간색과 파란색을 함께 방출하므로, 우리 눈이 많은 정보에 혼란을 일으켜 녹색을 보지 못할 뿐이다. 태양은 다른 어떤 것보다 녹색이며, 그래서 식물은 녹색을 띤다. 식물은 가장 풍부한 색을 반사(거부)하는데, 그 색을 전부 흡수했다가는 자기 몸이 손상될 수 있기 때문이다. 적색거성 red giant 주위를 공전하는 행성에서는 식물이 빨간색을 띨 것이다.

그러므로 결론은 다음과 같다. 태양은 녹색이고 하늘은 보라색이다. 우리는 그저 멍텅구리 뇌를 지녔을 뿐이다.

그럼 '흰색' 빛줄기가 빗방울에 들어가면 어떻게 될까? 결과는 각도에 따라 달라진다. 빛줄기가 공기에서 물로 이동하면 매질의 밀도가 증가하므로, 빛줄기가 이동하는 전체 속도는 느려진다. 빛줄기가 공기와 물의 경계에 완벽한 직각으로 부딪히면 특별한 일은 일어나지 않고, 빛줄기의 이동 속도만 느려진다. 그런데 빛줄기가 공기와 물의 경계에 비스듬히 부딪히면 그 경계를 넘을 때 빛이 꺾인다.

매끄러운 도로에서 경계를 넘어 모래밭으로 달리는 자동차를 떠올려 보자. 포장도로에서 모래밭을 향해 정면으로 주행하면 속도만 감소할 뿐이다. 그런데 자동차가 모래밭으로 비스듬히 주행하면, 한쪽 바퀴가 다른 바퀴보다 먼저 속도가 줄어들어 자동차가 회전하게 된다. 빛줄기도 비슷한 방식으로 움직인다. 빛줄기의 한쪽이 물속으로 들어가면서 속도가 느려지면, 빛줄기의 전체 궤적이 회전하며 방향이 바뀌게 된다.

빛줄기가 꺾이는 정도는 파장과 관련이 있다. 보라색 빛은 빨간색 빛보다 훨씬 큰 각도로 꺾인다(보라색 빛은 에너지가 더 강하므로 더욱 큰 각도로 튕겨 나간다). 즉, 흰색 빛을 빗방울에 비추면 빛을 구성하는 색은 제각기 다른 각도로 꺾인다. 빨간색은 가장 작은 각도로, 보라색은 가장 큰 각도로 꺾인다.

다음으로 빛줄기가 고밀도 물질에서 저밀도 물질로 이동할 때 어떤 현상이 일어나는지 살펴보자. 우리는 빛줄기가 저밀도 매질에서 고밀도 매질로 이동할 때 안쪽으로 꺾인다는 사실을 알고 있으므로,

그 빛줄기가 고밀도 매질에서 저밀도 매질로 다시 나올 때는 반대 현상이 일어나리라 추측할 수 있다. 즉, 빛줄기는 고밀도에서 저밀도 매질로 이동할 때 바깥쪽으로 꺾인다.

그런데 빛줄기가 매질 간의 경계에 너무 가파른 각도로 부딪히면, 빛줄기는 뒤쪽으로 꺾이며 반사된다. 따라서 태양에서 나온 흰색 빛줄기는 빗방울에 부딪히면 다시 태양 쪽으로 반사되어 나간다(다시 말해, 나를 향해 다가오는 빛줄기를 보려면 태양을 등지고 있어야 한다).

폭풍우가 몰아칠 때 태양을 직접 바라봐도 무지개는 관측되지만(따라하지 마시오), 우리가 안전하게 관측할 수 있는 무지개는 빗방울에서 뒤쪽으로 반사되어 나오는 무지개다.

빗방울에서 각각의 색으로 분할되어 우리를 향해 다가오는 빛은 원 모양을 형성하는데, 빨간색 고리는 바깥쪽에, 보라색 고리는 안쪽에 자리한다. 폭풍우에서 모든 빗방울이 이런 원을 생성한다. 그런데 원을 보기 위해 서 있으면 땅이 시야에 방해가 되므로, 원의 아래쪽 절반은 볼 수 없다. 본래 무지개는 반원이 아닌 원 형태이지만 위쪽 절반만 보인다.

일반적인 폭풍우에는 빗방울이 수백만 개 있고, 빗방울들은 제각기 무지개 원을 형성한다. 그런데 우리는 한 장소에 서 있으므로 모든 무지개를 보는 일은 불가능하다. 우리가 관측하는 무지개는 여러 빗방울에서 나오는 빛의 조합이다.

예컨대 아주 높은 하늘에 있는 빗방울이 완전한 무지개 원을 형성해도, 우리가 그 무지개 원의 맨 위쪽만 볼 수 있는 위치라면 우리 눈에는 빨간색 고리만 보인다. 이 빗방울보다 약간 왼쪽에 있는 다른 빗방울도 완전한 무지개 원을 형성하지만, 우리의 시야각에 문제가 있어 무지개 원 뒤편 하늘만 보인다.

빨간색 고리를 보이는 빗방울 아래에 있는 또 다른 빗방울도 완전한 무지개 원을 생성한다. 그런데 이번에는 우리가 서 있는 위치가 잘못되었고, 우리 눈에 빨간색 고리는 보이지 않는다. 그 대신 주황색 고리가 보인다. 모든 빗방울이 완전한 무지개를 생성하지만, 우리 눈에는 한 빗방울에서 빨간색, 다른 빗방울에서 주황색, 또 다른 빗방울에서 노란색이 보인다.

따라서 우리가 보는 무지개는 제각각 고유하다. 내 옆에 서 있는 사람은 약간 다른 빗방울이 빚어낸 약간 다른 무지개를 본다. 내가 보는 무지개는 우주를 통틀어 나만 유일하게 보고 있으며, 왼쪽이나 오른쪽으로 한 발만 움직이면 우리는 전과 다른 무지개를 보게 된다.

무지개는 우리에게서 항상 같은 거리와 각도로 떨어져 있고, 우리의 시선 방향과 완벽하게 동기화되어 움직인다. 그러므로 우리는 황금 항아리를 얻기 위해 무지개에 가까이 다가갈 수 없다. 한 걸음 더 나아가면, 더 멀리 떨어져 있는 빗방울이 생성한 새로운 무지개와 마주하기 때문이다(아일랜드 신화에 따르면 무지개가 끝나는 지점에 황금이 담긴 항아리가 숨겨져 있다고 한다 - 옮긴이).

쌍무지개는 빛이 빗방울에서 뒤쪽으로 반사되어 나오는 각도가 여러 개인 까닭에 생성된다. 엄밀히 말하자면 우리가 보는 모든 무지개는 쌍무지개다. 다만 두 번째 무지개가 대부분 무척 희미하다. 혹시 두 번째 무지개를 본다면, 빛이 빗방울에서 더욱 가파른 각도로 반사되어 무지개 위는 보라색, 아래는 빨간색으로 반전된 현상을 발견할 수 있을 것이다.

은막

질산은 용액에는 은 입자와 질산염 입자가 서로 분리되어 전하를 띤 상태로 둥둥 떠다닌다. 이처럼 전하를 띤 원자를 이온이라고 부르며 은 이온은 양전하, 질산염 이온은 음전하를 띤다.

전하 간 인력이 균형을 이루면 용액은 안정적으로 유지된다. 한 이온 입자는 반대 전하를 띤 모든 입자를 끌어당기지만, 이온 입자들 사이의 물 입자를 극복하고 결합해 고체가 될 만큼 끌어당기는 힘이 강하지 않다.

그런데 고에너지 빛이 용액에 닿으면 음전하를 띤 질산염 이온에 에너지가 공급된다. 질산염 이온은 여분의 전자를 지니므로, 빛이 닿으면 에너지를 충분히 얻은 전자가 이온에서 떨어져 나간다.

고에너지 전자가 가고 싶어 하는 가장 매력적인 곳은 근처의 양전하를 띤 은 이온이다. 양전하를 띤 은 이온은 음전하를 띤 전자와 결합해 중성이 된다.

은 이온과 전자가 결합할수록 중성 은 원자가 많아진다. 중성 은 원자는 다른 은 원자와 합쳐져 고체 은으로 응집되고, 이 고체 은은 아름다운 흙색을 띤다.

분말 형태의 금속은 대부분 여러분이 예상하는 방식으로 반짝이지 않는다. 금속 표면의 광택은 덩어리를 이루는 물질이 보이는 특성으로, 자유롭게 움직일 수 있는 전자가 표면에 많이 존재해야 나타난다. 작은 금속 분말도 표면에 자유로운 전자가 있지만, 우리에게 익숙한 광택을 나타내기에는 충분하지 않다.

불안정한 원자

원자핵 내부의 양성자는 양전하를 띠며, 따라서 이들은 서로 가까이 접근한 상태를 좋아하지 않는다. 양성자 두 개로만 원자핵을 생성하는 일은 불가능하다. 이는 마치 자석에서 같은 극을 강제로 결합하려는 것과 같다. 그러한 측면에서 중성자가 유용하다. 중성자는 (이름에서 알 수 있듯) 전하가 중성이므로 인력이나 반발력에 영향을 주지 않는다. 그런데 원자핵 내부에는 전하보다 훨씬 강한 다른 힘이 존재한다. 이 강한 힘은…… 강력 strong force 이라 불린다(따분한 물리학자들에게 박수를 보낸다).

강력은 가까운 거리에서 작용하며 중성자와 양성자를 결합시킨다. 두 양성자는 멀리 떨어뜨려 놓으면 전하 반발력이 우세하게 작용해 서로 멀리 떨어져 있을 것이다. 그런데 중성자를 사이에 두고 두 양성자를 접근시키면 세 입자 사이에 강력이 작용하며 서로 결합하게 된다.

원자는 안정한 상태를 유지하려면 일반적으로 원자핵의 양성자와 중성자 수가 같거나, 양성자보다 중성자가 더 많아야 한다. 그러므로 원자에서 양성자 수가 증가할수록 중성자 수도 함께 증가한다.

그런데 양성자와 중성자는 원자핵 내부에 고정되어 있지 않다. 이들은 끊임없이 뒤섞이며 위치를 바꾼다. 양성자와 중성자가 많을수록, 이들 입자가 부적합하게 배치되며 두 양성자가 가까이 접근했다가 서로 강하게 밀어내 원자핵 붕괴를 일으킬 가능성이 커진다. 이는 우리가 이해하는 영역이다.

그런데 아무도 이해하지 못하는 영역이 있다. 어떤 이유에서인지, 이러한 방사성 붕괴는 매번 같은 방식으로 일어난다. 원자핵에서는 방출되는 물질은 단일 중성자 또는 알파 입자(양성자 두 개와 중성자 두 개가 결합한 입자)다.

미련스럽게 요약된 양자물리학

진지하게 언급하자면, 나는 양자물리학을 주제로 《양자역학 이야기》를 썼다. 그런데 내가 집필한 《원소 이야기》, 《천문학 이야기》, 《두뇌 탐정 Brain Detective》 그리고 이 책까지 구입해 더는 돈을 쓰고 싶지 않은 독자도 있을 테니, 다음과 같이 양자물리학을 짧게 요약하겠다.

빛이 때로는 입자이고 때로는 전자기장의 파동이라는 이야기는 모순처럼 들린다. 이는 '파동 입자 이중성' 문제라고 불리며, 이 문제의 해결책은 기발하고도 알쏭달쏭하다.

빛은 분명 광자라는 입자로 구성된다. 그런데 광자는 우리가 으레 상상하는 방식으로 거동하는 물체가 아니다. 직선을 그리며 날아다니는 작은 알갱이도 아니다. 광자는 '확률 성질'을 지닌 입자다.

광자는 고유 성질로 정의되지만, 그러한 성질 대부분은 다른 무언가와 상호작용하기 전까지 고정되지 않는다. 따라서 광자는 관찰되기 전까지 실제로 입자가 아니다. 관찰되기 전 광자는 '중첩 superposition'이라는 애매한 유령 같은 상태로 존재한다.

이 이야기는 낯설게 느껴지는데, 일상 경험에서 물체의 성질은 변동하지 않기 때문이다. 녹색 사과는 무엇과 상호작용하든 언제나 녹색 사과다. 하지만 광자는 그렇지 않다. 광자는 성질이 변동한다는 성질을 지니며, 다른 입자와 상호작용할 때만 일정한 상태로 고정된다.

이처럼 광자가 보이는 변화무쌍한 성질 중 하나가 위치인데, 위치가 변화한다는 것은 우리가 광자를 이해하기 어렵게 만든다. 광자는 검출기나 우리 눈과 같은 대상과 상호작용하기 전에는 공간에서 고정된 위치에 존재하지 않는다.

자유롭게 돌아다니는 광자는 마치 파동처럼 이동하며 우주에 물결을 일으키는 추상적 존재다. 즉, 광자는 고정된 위치에 존재할 때는 입자이지만, 자유롭게 이동할 때는 파동과 같다. 이는 빛이 관측되지 않을 때는 파동처럼 이동하고, 관측될 때는 입자처럼 거동하는 성질을 지닌다는 의미이다.

그렇다면 광자는 무엇으로 만들어졌을까? 음, 광자는 전자기장의 '들뜸 excitation'으로 이루어졌다. 우리를 둘러싼 장은 대개 잔잔한 호수처럼 값이 0으로 설정되어 있다. 그런데 무언가가 전자기장을 흔들면 출렁임이 발생하고, 출렁임은 전자기장을 타고 빠른 속도로 이동한다. 이것이 광자 입자다. 광자 입자는 전자기장이라는 매끄러운 직물에 생성된 매듭 또는 돌기와 같다.

따라서 빛줄기 또한 전자기장에서는 파동으로 취급되는데, 빛줄기가 곧 파동이기 때문이다. 빛은 전자기장에서 에너지 파동의 집합이고, 빛의 위치는 파동 형태로 현실을 통해 퍼져 나간다.

우리는 수행하는 실험의 성격에 따라 빛줄기의 파동 성질을 관측할 때도 있고, 입자 성질을 관측할 때도 있다. 그렇다면 빛은 파동일까? 아니면 입자일까? 실제로 빛은 파동인 동시에 입자다.

광자만 이러한 성질을 지닌 것은 아니다. 입자는 모두 그대로 내버려 두면 파동과 같다고 밝혀졌다. 모든 입자는 배경 장background field에서 불규칙하게 움직이며 위치가 진동하는 까닭에 파동으로 관측된다. 여러분은 어디에 있는지 결정될 수 없는 자기 모순적 에너지 덩어리로 구성되어 있다.

역평행 DNA

DNA 골격에는 인산염과 데옥시리보스 분자가 번갈아 연결되어 있다. 이번 논의에서 핵심은 데옥시리보스로 한쪽 끝에 산소 원자가 있는 오각형 고리 분자다. 고리의 다른 부분에 다양한 화학 분자가 나뭇가지처럼 뻗어 있지만, 여기서 주목할 대상은 오각형 고리다.

데옥시리보스

네 가지 염기 분자 A, T, G, C는 오각형 데옥시리보스에 결합해 DNA 사다리의 가로대를 이루며, 사다리는 두 가지 방식으로 연결될 수 있다. 첫 번째는 오각형에서 산소가 있는 한쪽 끝이 전부 같은 방향을 가리키도록 배열되는 방식으로, 평행 parallel 결합이라 불린다.

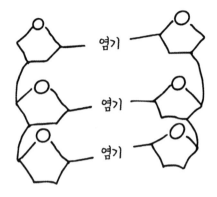

그런데 크릭이 부당하게 입수한 로절린드 프랭클린의 데이터를 확인하고 깨달았듯, 두 골격은 서로 반대쪽을 향하도록 배열된다. 한 골격은 오각형 고리의 산소가 전부 나선 구조의 위쪽을 향하고, 다른 한 골격은 오각형 고리의 산소가 전부 나선 구조의 아래쪽을 향한다. 이는 역평행 Antiparallel 결합이라 불린다.

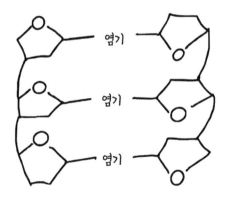

감사의 말

이 책에 관한 아이디어를 낸 편집자 엠마 스미스Emma Smith와 아이디어를 실현해 준 대담한 에이전트 젠 크리스티Jen Christie에게 감사드린다.

책을 읽을 수 있도록 편집한 어맨다 키츠Amanda Keats, 수 비커스Sue Viccars 등 출판사 로빈슨Robinson 직원들 모두에게 감사의 마음을 전한다.

책에 수록된 이야기들에 관해 의견을 제시한 사이먼 스노든Simon Snowden, 루시 윌킨슨Lucy Wilkinson, 헤라클레스 A. 페티트Hercules A. Pettitt에게 감사 인사를 보낸다.

내가 과학에 입문하도록 이끈 데이브 에번스Dave Evans, 과학을 가르치도록 설득한 존 밀러John Miller, 나의 두뇌가 무엇을 할 수 있는지 보여준 (그리고 내가 이 책을 헌정한) 세이시 시미즈Seishi Shimizu에게 감사하다고 말씀드리고 싶다.

내가 글을 쓸 때면 격려해 주고, 이야기를 끝없이 쏟아내면 들어주고, 농담을 던지면 웃어주는 닉 홉킨스Nick Hopkins에게 고마움을 전한다.

지적 토론에 열렬히 동참해 준 엘리Ellie, 수업 시간에 나를 너그럽게 이해해 준 조Jo에게 감사드린다.

나조차 나 자신을 믿지 않을 때도 나를 믿어준 브리Bree에게 고맙다고 말하고 싶다.

언제나 내 편이 되어 주시고, 내가 갑자기 미국으로 이사하게 되었는데도 이해해 주신 아버지께 감사드린다!

마지막으로 아버지를 보살피며 행복하게 해주시는 오비Obi께 감사드린다.

인용구

기적의 가장 놀라운 점은 기적이 일어난다는 사실이다.

G. K. Chesterton, 'The Blue Cross', The Storyteller (September 1910) Cassell & Co.

1장

여러분이 자신의 문제에 책임이 있는 사람을 걷어찬다면, 여러분은 한 달간 앉아 있지도 못할 것이다.

T. Roosevelt, Theodore Roosevelt on Bravery: Lessons from the Most Courageous Leader of the Twentieth Century (New York: Skyhorse Publishing, 2015)

내 책상 위의 산을 본다면, 여러분은 놀라지 않을 수 없을 것이다!

A. Einstein, letter to Kurt Grossman, 9 June 1937

2장

그는 운명이 보낸 레몬을 집어 들고 레모네이드 가판대를 시작했다.

E. Hubbard, 'Obituary for Marshall Wilder', The Fra: A Journal of Affirmation, Vol. 14, No. 5 (1915)

나를 죽이지 못한 고통은 나를 강하게 만들 뿐이다.

F. Nietzsche, Twilight of the Idols (Leipzig: C. G. Naumann, 1889)

3장

놀라움은 삶이 우리에게 주는 가장 큰 선물이다.

B. L. Pasternak, The Poetry of Boris Pasternak 1917 - 1959 (New York: Putnam, 1959)

우리는 세상이 무척 놀랍다는 사실을 발견했다

J. Polkinghorne, 'An Interview with John Polkinghorne' (Interviewed by P. Fitzgerald) The Christian Century (January 2008) Christian Century Foundation

4장

재능 있는 사람은 남들이 맞히지 못하는 과녁을 맞히고, 천재는 남들 눈에 보이지 않는 과녁을 맞힌다.

A. Schopenhauer, The World As Will And Idea Vol. III Trans. R. B. Haldane, J. Kemp, 6th Ed. (London:Kegan Paul,Trench,Trubner &Co.1909)

마침내 올바른 아이디어를 떠올릴 때면, 이를 진작 생각해 내지 못한 자신을 자책하게 된다.

F. Crick, What Mad Pursuit: A Personal View of Scientific Discovery (New York:Basic Books,1988)

1장 서투름

1. J. Needham, H. Ping-Yu, *Science and Civilization in China, Volume 5 Part 7* (Cambridge: Cambridge University Press, 1986)
2. R. E. Oesper, 'Christian Friedrich Schönbein. Part II. Experimental Labors' *J.Chem. Educ.*, Vol. 6 (1929) pp. 677 - 85
3. B. Bouffard, 'Inventor of the Month - Who Is Edouard Benedictus?' *Innovate* (12 November 2013)
4. Glass Innovation Centre, *Innovations in Glass* (Corning: Corning Museum of Glass, 1999)
5. A. Parkes, Patent No. 1313, 11 May 1865 UK Patent Office, *Patents for Inventions - Artificial Leather, Floorcloth, Oilcloth, Oilskin and other Waterproof Fabrics*, p. 255

6. H. Heckman, 'Burn After Viewing, or, Fire in the Vaults: Nitrate Decomposition and Combustibility' *The American Archivist*, Vol. 73, No. 2 (2010) pp. 483 – 506

7. A. Haynes, 'John Walker, Pharmacist and Inventor of the match' *The Pharm aceutical Journal* (2016)

8. B. K. Pierce, *Trials of an Inventor: Life and Discoveries of Charles Goodyear* (New York: Carlton & Porter, 1866)

9. W. C. Geer, *The Reign of Rubber* (New York: The Century Co., 1922)

10. R. Hunter, M. E. Waddell, *Toy Box Leadership: Leadership Lessons from the Toys you Loved as a Child* (Nashville: Thomas Nelson, 2008)

11. J. Tully, *The Devil's Milk: A Social History of Rubber* (New York: NYU Press, 2011)

12. A. Hoffman, *LSD: My Problem Child* (New York: McGraw Hill Book Company, 1980)

13. J. L. Moreno, et al., 'Metabotropic glutamate mGlu2 receptor is necessary for the pharmacological and behavioral effects induced by hallucinogenic 5-HT2A receptor agonists' *Neuroscience Letters*, Vol. 493, No. 3 (2011) pp. 76 – 9

14. M. A. Lee, B. Shlain, *Acid Dreams: The Complete Social History of LSD: The CIA, The Sixties and Beyond* (New York: Grove Press, 1994)

15. Author Unknown, 'The Inventor of Saccharin' *Scientific American* (17 July 1886, p.36)

16. S. W. Junod, 'Sugar: A Cautionary Tale' *Update Magazine, The Bimonthly Publication of the FDA Institute* (July–August 2003)

17. 'Molecule of the week: Saccharin, Jul 01 2019' *American Chemical Society* available from: https://www.acs.org/molecule-of-the-week/archive/s/saccharin.html (accessed 21 February 2023)

18. V. S. Packard, *Processed Foods and the Consumer: Additives, Labeling, Standards, and Nutrition* (Minneapolis: UOM Press, 1976)

19. R. H. Mazur, *Discovery of Aspartame*, First chapter in *Aspartame: Physiology and Biochemistry* L. D. Stegink, L. J. Filer, eds. (Boca Raton: CRC Press, 1984)

20. W. Gratzer, *Eurekas and Euphorias: The Oxford Book of Scientific Anecdotes* (Oxford: OUP, 2002)

21. H. L. F. Helmholtz, *On the Sensations of Tone as a Physiological Basis for the Theory of Music* (4th Ed. 1877, trans. A.J.Ellis 1912)

22. C. Mackenzie, *Alexander Graham Bell: The Man Who Contracted Space* (Boston: Houghton Mifflin Company, 1928)

23. S. Shulman, *The Telephone Gambit: Chasing Alexander Bell's Secret* (New York: Norton & Company, 2008)

24. D. J. Albers, G. L. Alexanderson, C. Reid, *More Mathematical People: Contemporary Conversations* (Orlando: Harcourt Brace Jovanovich, 1990)

25. 'Dr Caroline Coats – Short history of the Pacemaker' *Understanding Animal Research* available from: https://vimeo.com/134722418 (accessed 21 February 2023)

26. W. Greatbatch, *The Making of the Pacemaker: Celebrating a Lifesaving Invention* (New York: Prometheus Books, 2000)

27. L. Colebrook, *Biographical Memoirs of Alexander Fleming*, 1881 – 1956 (London: Royal Society Publishing, 1956)

28. A. Fleming, 'The physiological and antiseptic action of flavine (with some observations on the testing of antiseptics)' *The Lancet*, Vol. 190, Issue 4905 (1917)

29. J. Latson, 'How Being a Slob helped Alexander Fleming Discover Penicillin' *Time* (28 September 2015)

30. R. Hare, *The Birth of Penicillin* (London: Allen & Unwin, 1970)

31. K. Berger, 'Alexander Fleming and the Discovery of Penicillin' *Pharmacy Times* (14 March 2019)

32. W. Kingston, 'Streptomycin, Schatz vs Wakman, and the Balance of Credit for Discovery' *Journal of the History of Medicine and Allied Sciences*, Vol. 59, Issue 3 (2004) pp. 441–62

33. D. P. Levine, 'Vancomycin: A History' *Clinical Infectious Diseases*, Vol. 42, Issue 1 (2006) pp. 5 – 12

34. J. Suszkiw, 'The Enduring Mystery of "Moldy Mary"' *US Department of Agricultural Research Services* available from: https://tellus.ars.usda.gov/stories/articles/the-enduring-mystery-of-moldy-mary/ (accessed 21 February 2023)

35. R. Bud, *Penicillin: Triumph and Tragedy* (Oxford: OUP, 2007)

36. Barry Marshall interviewed by P. Weintraub, 'The Doctor Who Drank Infectious Broth, Gave Himself an Ulcer, and Solved a Medical Mystery' *Discover Magazine* (8 April 2010)

37. B. Marshall, P. C. Adams, 'helicobacter Pylori: A Nobel pursuit?' *Canadian Journal of Gastroenterology*, Vol. 22, No. 11 (2008) pp. 895 – 6

38. K. C. Atwood, 'Bacteria, Ulcers and Ostracism? H. Pylori and the making of a

myth' *Skeptical Inquirer* Vol. 28 (November–December 2004)

39. J. Okafor, 'The History of Tea Bags from Invention Through Popularity' *TRVST* (24 June 2021)

40. H. Markel, *The Kelloggs: The Battling Brothers of Battle Creek* (New York: Knopf Doubleday Publishing Group, 2017)

41. T. Stevenson, *The Sotheby's Wine Encyclopedia 4th Ed.* (New York: DK Publishing, 2007)

2장 불운과 실패

1. G. T. Fechner, *Autobiography* handwritten and recorded as the appendix in M. Heidelberger, *Nature from Within: Gustav Theodor Fechner and His Psychophysical Worldview* trans. C. Klohr (Pittsburgh: University of Pittsburgh Press, 2004)

2. D. A. Leinhard, 'Roger Sperry's Split Brain Experiments (1959–1968)' *Embryo Project Encyclopedia* (27 December 2017)

3. J. M. Harlow, 'Passage of an Iron Rod Through the Head' *The Boston Medical and Surgical Journal*, Vol. 39, No. 20 (1848)

4. Author Unknown, O. S. Fowler & L. N. Fowler eds., 'A Most Remarkable Case' *The American Phrenological Journal and Repository of Science, Literature and General Intelligence*, Vol. 13 (1851) p. 89

5. J. W. Hamilton, 'The Man Whose Head an Iron Rod Passed Is Still Living', *The Medical and Surgical Reporter*, Vol. 5 (17 November 1860) p. 183

6. S. Manjila, et al., 'Understanding Edward Muybridge: historical review of behavioral alterations after a 19th-century head injury and their multifactorial influence on human life and culture' *Neurosurgery Focus*, Vol. 39, No. 1 (2015)

7. S. Corkin, *Permanent Present Tense: The Man With No Memory, And What He Taught The World* (New York: Penguin, 2013)

8. L. R. Squire, et al., 'Description of brain injury in the amnesiac patient N. A. based on magnetic resonance imaging' *Experimental Neurology*, Vol. 105, No. 1 (1989) pp. 23–35

9. M. Frankel, M. Warren, 'How gut bacteria are controlling your brain' BBC *Future Magazine* (23 January 2023)

10. J. F. Cryan, 'More Than a Gut Feeling' – Address at the Annual Conference of the British Psychological Society's Psychobiology Section, *The Psychologist*, January 2019

11. F. Allen, *Secret Formula: The Inside Story of How Coca-Cola Became the Best-Known Brand in the*

World (New York: HarperCollins, 1994)

12. I. Osterloh, 'How I Discovered Viagra' *Cosmos* (27 April, 2015)

13. Interview with John LaMattina, researcher on the project for the podcast *Signal* − 16 June 2016, available from: https://www.statnews.com/2016/06/16/tylenol-drugs-signal-podcast/ (accessed 22 February 2023)

14. M. Boolell, et al., 'Sildenafil: an orally active type 5 cyclic GMP-specific phosphodiesterase inhibitor for the treatment of penile erectile dysfunction' *International Journal of Impotence Research*, Vol. 8, Issue 2 (1996) pp. 47 − 52

15. I. Goldstein, et al., 'Oral Sildenafil in the Treatment of Erectile Dysfunction' *The New England Journal of Medicine*, Vol. 338, No. 20 (1998) pp. 1397 − 1404

16. L. Klotz, 'How (not) to communicate new scientific information: A memoir of the famous Brindley lecture,' *BJU Int*, Vol. 96, No. 7 (2005) pp. 956−7

17. J. Achan, et al., 'Quinine, an old anti-malarial drug in a modern world: role in the treatment of malaria' *Malaria Journal*, Vol. 10, Article 114 (2011)

18. S. Garfield, *Mauve: How One Man Invented a Colour That Changed the World* (New York: W.W. Norton & Company, 2001)

19. T. F. G. G. Cova, A. A. C. C. Pais, J. S. S. de Melo, 'Reconstructing the historical synthesis of mauvine from Perkin and Caro: procedure and details' *Scientific Reports*, Vol. 7, No. 6806 (2017)

20. C.P. Biggam, 'Knowledge of whelk dyes and pigments in Anglo-Saxon England' *Anglo-Saxon England*, Vol. 35 (2006) pp. 23 − 55

21. C. Dickens, 'Perkin's Purple' *All The Year Round* (10 September 1859)

22. P. Homem-de-Mello, et al., '4-Design of dyes for energy transformation: From the interaction with biological systems to application in solar cells' *Green Chemistry and Computational Chemistry, Shared Lessons in Sustainability, Advances in Green and Sustainable Chemistry* (2022) pp. 79 − 114

23. 소송에 휘말리지 않도록 안전하게 웹사이트를 인용하는 방법조차 모르겠으나, 아무튼 다음 웹사이트를 참고하라: https://www.velcro.com/original-thinking/the-velcro-brand-trademark-guidelines/ (accessed 22 February 2023)

24. Interview with Harry Coover: 'Harry Coover − 2009 National Medal of Technology & Innovation', *NSTMF* available from: https://www.youtube.com/watch?v=u4CLvR-YN2w (accessed 22 February 2023)

25. N. Skillicon, 'The True Story of Post-It Notes and How They Almost Failed' *Idea to Value Newsletter* (20 April 2017)

26. R. B. Seymour, T. Cheng, *History of Polyolefins, 1–7* (Dordrecht: D. Reidel Publishing Company, 1986)

27. M. Lauzon, 'PE: The resin that helped win World War II' *Plastics News* (6 August 2007)

28. Author Unknown, 'Roy J. Punkett' *Science History Institute* (14 December 2017)

29. R. Cole, 'Teflon: 80 Years of Not Sticking To Things' *The Science Museum Blog* (6 April 2018)

30. A. G. Levine, 'The large horn antenna and the discovery of cosmic microwave background' *American Physical Society* (2009)

31. S. Singh, *Big Bang* (London: HarperCollins, 2010)

32. S. Mitton, *Fred Hoyle: A Life in Science* (Cambridge: Cambridge University Press, 2011)

33. R. A. Alpher, R. C. Herman, 'On the relative abundance of the elements', *Physical Review*, Vol. 74, No. 12 (1948) pp. 1737 – 42

34. R. Lindner, *The Fifty-Minute Hour* (New York: Bantam, 1958)

35. M. Rokeach, *The Three Christs of Ypsilanti: A Psychological Study* (New York: New York Review Books, 1964)

3장 놀라움

1. S. Zielinsky, 'When the Soviet Union Chose the Wrong Side on Genetics and Evolution', *Smithsonian Magazine* (1 February 2010)

2. L. A. Dugatkin, 'The silver fox domestication experiment' *Evolution: Education and Outreach*, Vol. 11, No. 16 (2018)

3. AR Androgen Receptor [Homo Sapiens (human)] *National Library of Medicine*, National Centre for Biotechnology Information, Gene ID: 367

4. E. Ramsden, J. Adams, 'Escaping the Laboratory: The Rodent Experiments of John B. Calhoun and their Cultural Influence', *Journal of Social History*, Vol. 42, issue 3 (2009) pp. 761 – 97

5. B. K. Alexander, et al., 'Effect of early and later colony housing on oral ingestion of morphine in rats', *Pharmacology, Biochemistry and Behavior*, Vol. 14, Issue 4 (1981) pp. 571 – 6

6. C. Reed, 'Peter Witt Biography', *DrPeterWitt.com* (March 2016. Available from:https://www.drpeterwitt.com/project/peter-witt-biography/ (accessed 9 November 2022)

7. P. Witt, 'Spider Webs and Drugs', *Scientific American* (1 December 1954)

8. *To Tell the Truth* (TV Series, Series 4, Episode , dir. Paul Alter, aired 1972, *CBS Daily*

9. H.-P. Rieder, 'Biological Determination of Toxicity of Pathologic Body Fluids III. Examination of urinary extracts of mental patients with the help of the spider web test', *Psychiatry and Neurology*, Vol. 134, no. 6 (1957) pp. 378–396 original article in German, reviewed in M. L. Throne et al., 'A Critical Review of Endogenous Psychotoxins as a Cause of Schizophrenia', *Canadian Psychiatric Association Journal*, Vol. 12, no. 2 (1967) pp. 159–74

10. J. O. Schmidt, M. S. Blum, W. L. Overal, 'Hemolytic Activities of Stinging Insect Venoms' *Insect Biochemistry and Physiology*, Vol. 1, issue 2 (1983) pp. 155–60

11. R. Feltman, 'This scientist rates and describes insect stings as if they were fine wines' *The Washington Post* (17 March 2015)

12. C. Starr, 'A simple pain scale for fi eld comparison of Hymenopteran stings' *Journal of Entomological Science*, Vol. 20, issue 2 (1985) pp. 225–32

13. J. O. Schmidt, *The Sting of the Wild* (Baltimore: The Johns Hopkins University Press, 2016)

14. J. O. Schmidt, 'Pain and lethality induced by insect stings: An exploratory and correlational study' *Toxins*, Vol. 11, no. 7 (2019)

15. M. Piccolino, M. Bresadola, *Shocking Frogs: Galvani, Volta, and the Electric Origins of Neuroscience* (Oxford: OUP, 2013)

16. M. Pilkington, 'Sparks of Life', *Guardian* (6 October 2004)

17. M. Shelley, Introduction to Frankenstein, *Frankenstein: Or, the Modern Prometheus* (15 October 1831)

18. J. Dalton, *Meteorological Observations and Essays* (Manchester: Harrison & Crosfi eld, 1834)

19. S. Sanctorius, *De Statica Medicina* (1614)

20. A. Bouvard, *Tables Astronomiques* (Paris: Bachelier and Huzard, 1821)

21. J. Uri, '175 Years Ago: Astronomers Discover Neptune, the Eighth Planet' *NASA History* (22 September 2021)

22. L. Grossman, M. McKee, 'Is the LHC Throwing Away Too Much Data?' *New*

Scientist (14 March 2012)

23. I. Newton, *A Theory Concerning Light and Colours, 1675* (Archives of Trinity College Cambridge)

24. E. Tretkoff, et al., 'This Month in Physics History – July 1820: Ørsted and Electromagnetism' *American Physical Society News*, Vol. 17, No. 7 (2008)

25. B. Mahon, *The Man Who Changed Everything: The Life of James Clerk Maxwell* (New York: Wiley, 2004)

26. W. Herschel, 'Investigation of the Powers of the Prismatic Colours to Heat and Illuminate Objects: With Remarks, That Prove the Different Refrangibility of Radiant Heat. To Which is Added, an Inquiry into the Method of Viewing the Sun Advantageously, with Telescopes of Large Apertures and High Magnifying Powers' *Philosophical Transactions of the Royal Society*, Vol. 90 (1800) pp. 255 – 83

27. J. Frercksa, H. Weberb, G. Wiesenfeldt, 'Reception and discovery: the nature of Johann Wilhelm Ritter's invisible rays', *Studies in History and Philosophy of Science A*, Vol. 40, No. 2 (2009) pp. 143 – 56

28. T. P. Garrett, 'The Wonderful Development of Photography', *The Art World*, Vol. 2, No. 5 (1917) pp. 489 – 91

29. S. Strickland, 'The Ideology of Self-Knowledge and the Practice of Self-Experimentation' *Eighteenth Century Studies* V. 31, no. 4 (1998) pp. 453 – 71

30. The Microwave Service Company, *The History & Inventor of the Microwave Oven* (26 March 2012)

31. L. R. Reynolds, 'The History of the Microwave Oven', Lecture given at the 24th Microwave Power Symposium in 1989, transcribed in the *Journal of The International Microwave Power Institute*, Vol. 10, No. 5 (1989)

32. W. R. Nitske, *The Life of Wilhelm Conrad Röntgen: Discoverer of the X-Ray* (Tucson: University of Arizona Press, 1971)

33. T. J. Jorgensen, *Strange Glow: The Story of Radiation* (Princeton: Princeton University Press, 2017)

34. R. W. Chabay, B. A. Sherwood, *Matter and Interactions* (Hoboken: Wiley, 2002)

35. H. C. von Bayer, *Taming the Atom: The Emergence of the Visible Microworld* (New York: Random House, 1992)

36. E. Fermi, et al., 'Radioactivity Caused by Neutron Bombardment', *La Ricerca*

Scientifica, Vol. 5, No. 1 (1934) pp. 452 – 3

37. I. Noddack, 'On Element 93', *Zeitschrift für Angewandte Chemie*, Vol. 47 (1934) p. 653

38. J. T. Armstrong, 'Technetium: The Element That Was Discovered Twice' *National Institute of Standards and Technology* (16 October 2008)

39. Author Unknown, 'Who Ordered That?', *Nature Editorial*, Vol. 531 (2016) pp. 139 – 140

40. M. L. Perl, et al., 'Evidence for Anomalous Lepton Production in e + e- Annihilation', *Physical Review Letters*, Vol. 35, No. 22 (1975)

41. R. P. Feynman, *QED: The Strange Theory of Light and Matter* (London: Penguin, 1985)

4장 유레카

1. Vitruvius, *The Ten Books on Architecture*, Book 9 (approx. 30bce)

2. Plutarch, *The Parallel Lives – The Life of Marcellus*, Section 14 (Unknown authorship date, First Century)

3. C. Rorres, H. Harris, 'A Formidable War Machine: Construction and Operation of Archimedes' Iron Hand' *Symposium on Extraordinary Machines and Structures in Antiquity*, Olympia, Greece, 19 – 24 August (2001) pp. 1 – 18

4. H. E. Schwarz, 'Super Soaker Inventor – Lonnie Johnson' *STEM trailblazer BIOS* (Minneapolis: Lerner Classroom, 2017) [20]

5. W. Stukeley, *Memoirs of Sir Isaac Newton's Life* (1752) which contains an interview with Isaac Newton in which he relates the story of the apple

6. I. D'Israeli, *Curiosities of Literature Vol.1* (London: Frederick Warne and Co, 1881)

7. Col T. W. M. Draper, *The Bemis History of Genealogy* (San Francisco: Self published, 1900)

8. L. Bleiberg, 'The Clock That Changed The Meaning of Time' *BBC Travel Magazine* (7 September 2016)

9. G. Shaw, Percy's granddaughter refl ecting on her grandfather's legacy in a brief interview with the BBC titled 'Cat's eyes: How a pub trip made the world's roads safer' (4 February 2023) available from: https://www.bbc.com/news/av/stories-64512319 (accessed 23 February 2023)

10. J. Plester, 'Weatherwatch: Percy Shaw and the invention of the cat's eye reflector' *Guardian* (3 December 2018)

11. 이 농담은 많은 농담과 마찬가지로 출처가 확인되지 않았지만 종종 켄 도드 Ken Dodd 의 작품으로 간주된다. 당신이 출처라고? 찬사를 보낸다. 진심이다.

12. O. T. Avery, C. M. Macleod, M. McCarty, 'Studies on the Chemical Nature of the Substance Inducing Transformation of Pneumococcal Types: Induction of Transformation by a Deoxyribonucleic Acid Fraction Isolated from Pneumococcus Type III', *Journal of Experimental Medicine*, Vol. 79, Issue 2 (1944) pp. 137 – 58

13. A. Sayre, *Rosalind Franklin and DNA* (London: W.W.Norton &Company, 1975)

14. M. Wilkins, *The Third Man of the Double Helix: An Autobiography* (Oxford: OUP, 2003)

15. A. Klug, 'The discovery of the DNA double helix' *Journal of Molecular Biology*, Vol. 335, Issue 1 (2004) pp. 3 – 26

16. J. D. Watson, *The Double Helix* (New York: Signet, 1968)

17. F. H. C. Crick, J. D. Watson 'Molecular Structure of Nucleic Acids', *Nature*, Vol. 171, No. 4356 (1953)

18. Op. cit. Watson 1968

19. J. H. Richardson, Interview with James Watson – 'James Watson: What I've Learned', *Esquire* (19 October 2007)

20. *American Masters* (TV Series) Series 33, Episode 1 'Decoding Watson', dir. Mark Mannucci, aired 19 December 2018, *PBS*

21. Author Unknown, 'Harpic: Under the Microscope' *Reckitt* (16 December 2020) available from: https://www.reckitt.com/newsroom/latest-news/news/2020/december/harpic-under-the-microscope/ (accessed 23 February 2023)

부록 1. 놀라운 주기율표 이야기

1. R. Boyle, *Tracts, Containing New Experiments, touch the Relation betwixt Flame and Air and about Explosions* (London:Richard Davis, 1672)

2. H. Muir, *Eureka: Science's Greatest Thinkers and their Key Breakthroughs* (London: Quercus, 2012)

3. B. B. Nath, *The Story of Helium and the Birth of Astrophysics* (New York: Springer, 2012)

4. M. E. Weeks, *The Discovery of the Elements*, 6th Edition (Easton: Mack Printing Company, 1960)

5. Royal Society of Chemistry, *Elements and Periodic Table History – Beryllium*, RSC Publications (2023)

6. J. L. Marshall, 'Humphry Davy and the Voltaic Pile' *Chem 13 News Magazine* (University of Waterloo: April 2019)

7. Op. cit. Weeks 1960

8. M. I. A. Chaptal, *Elements of Chemistry 3rd Ed Vol. I* (London: G.G. and J. Robinson, 1800)

9. R. Bugaj, 'Michal Sedziwoj — Treatise on the Philosopher's Stone' *Library of Puzzles*, Vol. 164 (1971) pp. 83−4

10. Op. cit. Weeks 1960

11. R. Harre, *Great Scientific Experiments: Twenty Experiments That Changed Our View of the World* (London: Harrap, 1974)

12. R. Toon, 'The discovery of fluorine', *Education in Chemistry* (1 September 2011)

13. D. A. McQuarrie, P. A. Rock, E. B. Gallogly, *General Chemistry 4th Ed.* (New York: University Science Books, 2010)

14. M. S. Muller, 'A pinch of sodium', *Nature*, Vol. 3, No. 974 (2011)

15. E. Katz, 'Electrochemical contributions: Sir Humphry Davy (1778–1829)', *Electrochemical Science Advances* (4 May 2021)

16. T. Geller, 'Aluminum: Common Metal, Uncommon Past' *Distillations*, a publication of the Science History Institute (2 December 2007)

17. Op. cit. Weeks 1960

18. J. Emsley, *The Shocking History of Phosphorus: A Biography of the Devil's Element* (London: Pan Books, 2000)

19. C. W. Scheele, *On Manganese and Its Properties* (1774) collected as the first essay in *The Early History of Chlorine* Eds. unknown (Edinburgh: The Alembic Club, 1912)

20. Op. cit. McQuarrie 2010

21. C. Woodford, *The Elements: Potassium* (London: Cavendish Square, 2003)

22. D. Knight, *Humphry Davy: Science and Power* (Cambridge: Cambridge University Press, 1998)

23. C. T. Horovitz, *Discovery and History*, first chapter in *Scandium: Its Occurrence, Chemistry, Physics, Metallurgy, Biology and Technology*, C. T. Horovitz Ed., (London: Academic Press, 1975)

24. K. L. Housley, *Black Sand: The History of Titanium* (New York: Metal Management Inc, 2007)

주

25. R. Bowell, *An Introduction to Vanadium: Chemistry, Occurrences and Applications* (New York: Nova Science Publishers, 2019)

26. Royal Society of Chemistry, *Elements and Periodic Table History – Chromium*, RSC Publications (2023)

27. B. Knapp, *Elements: Iron, Chromium and Manganese* (Danbury: Grolier Education, 2002)

28. I. Asimov, *Words of Science* (New York: Signet, 1959)

29. Ibid.

30. Op. cit. Weeks 1960

31. J. A. Bridgman, *Gallium – A Thesis, Presented to the Faculty of the Graduate School of Cornell University for the Degree of Doctor of Philosophy* (New York: Cornell University Press, 1917)

32. M. E. Weeks, 'The discovery of the Elements 13: Some elements predicted by Mendeleeff', *Journal of Chemical Education*, Vol. 9, Issue 9 (1932) pp. 1605 –19

33. Op. cit. Weeks 1960

34. R. Boyd, 'Selenium Stories', *Nature Chemistry*, Vol. 3, No. 570 (2011)

35. M. Balard, 'Memoir on a peculiar Substance contained in Sea Water', *Annals of Philosophy*, Vol. 12, Article 13 (1826) pp. 381 – 7

36. Op. cit. McQuarrie 2010

37. M. Lozinsek, G. J. Schrobilgen, 'The world of krypton revisited', *Nature Chemistry*, Vol. 8, No. 732 (2016)

38. I. Georgescu, 'Rubidium round-the-clock', *Nature Chemistry*, Vol. 7, No. 1034 (2015)

39. F. X. Coudert, 'Strontium's scarlet sparkles', *Nature Chemistry*, Vol. 7, No. 940 (2015)

40. P. Diner, 'Yttrium from Ytterby', *Nature Chemistry*, Vol. 8, No. 192 (2016)

41. J. W. Marden, M. N. Rich, *Investigations of Zirconium, with Especial Reference to the Metal and Oxide, Historical Review and a Bibliography*, Bulletin 186, Mineral Technology 25, Department of the Interior, Washington Government Printing Office (1922)

42. M.A. Tarselli, 'Subtle niobium', *Nature Chemistry*, Vol. 7, No. 180 (2015)

43. Molybdenum history, *The International Molybdenum Association*, available from: https://www.imoa.info/molybdenum/molybdenum-history.php (accessed 24 February 2023)

44. F. A. A. de Jonge, E. K. J. Pauwels, 'Technetium, the missing element', *European Journal of Nuclear Medicine*, Vol. 23 (1996) pp. 336 – 44

45. V. N. Pitchkov, 'The Discovery of Ruthenium', *Platinum Metals Review*, Vol. 40, No. 4 (1996) p. 181

46. Royal Society of Chemistry, *Elements and Periodic Table History — Rhodium*, RSC Publications (2023)

47. M. C. Usselman, 'The Wollaston/Chevenix controversy over the elemental nature of palladium: A curious episode in the history of chemistry', *Annals of Science*, Vol. 35, Issue 6 (1978) pp. 551 –79

48. N. V. Tarakina, B. Verberck, 'A portrait of cadmium', *Nature Chemistry*, Vol. 9, No. 96 (2017)

49. I. Asimov, *Asimov's Biographical Encyclopedia of Science and Technology* (New York: Doubleday, 1964)

50. J. Ibers, 'Tellurium in a twist', *Nature Chemistry*, Vol. 1, No. 508 (2009)

51. Op. cit. Asimov 1959

52. Op. cit. McQuarrie 2010

53. Op. cit. Georgescu 2015

54. Op. cit Knight 1998

55. M. Fontani, M. Costa, M. V. Orna, *The Lost Elements: The Periodic Table's Shadow Side* (Oxford: OUP, 2015)

56. Ibid.

57. Ibid.

58. Ibid.

59. S. Cantrill, 'Promethium puzzles', *Nature Chemistry*, Vol. 10, No. 1270 (2018)

60. Op. cit. Weeks 1960

61. Ibid.

62. P. Pyykko, 'Magically magnetic Gadolinium', *Nature Chemistry*, Vol. 7, No. 680 (2015)

63. L. P. Wilder, *Gadolinium and Terbium: Chemical and Optical Properties, Sources and Applications* (New York: Nova Science Publishers, 2014)

64. J. Emsley, *Nature's Building Blocks: An A–Z Guide to the Elements* (Oxford: OUP, 2001)

65. Ibid.

66. Ibid.

67. P. Arnold, 'Thoroughly enthralling thulium', *Nature Chemistry*, Vol. 9, No. 1288 (2017)

68. Op. cit. Emsley 2001

69. Op. cit. Weeks 1960

70. S. C. Burdette, B. F. Thornton, 'Hafnium the lutecium I used to be', *Nature Chemistry*, Vol. 10, No. 1074 (2018)

71. Op. cit. Weeks 1960

72. O. Sacks, *Uncle Tungsten: Memories of a Chemical Boyhood* (New York: Vintage, 2002)

73. Op. cit. Weeks 1960

74. Op. cit. Emsley 2001

75. Ibid

76. Royal Society of Chemistry, *Elements and Periodic Table History – Thallium*, RSC Publications (2023)

77. Bismuth entry, *Encyclopedia Britannica, 11th Ed, Vol. 4* 'Bisharin–Calgary' (New York: The Encyclopedia Britannica company, 1910)

78. E. Curie, *Madame Curie: A Biography*, Trans. V. Sheean (Cambridge: Da Capo Press, 2001)

79. D. R. Corson, K. R. MacKenzie, E. Segrè, 'Artificially Radioactive Element 85', *Physical Review*, Vol. 58, No. 672 (1940)

80. B. F. Thornton, S. C. Burdette, 'Recalling radon's recognition' *Nature Chemistry*, Vol. 5, No. 804 (2013)

81. Royal Society of Chemistry, *Elements and Periodic Table History – Francium*, RSC Publications (2023)

82. C. Hobb, H. Goldwhite, *Creations of Fire: Chemistry's Lively History from Alchemy to the Atomic Age* (New York: Basic Books, 1995. NB: 이건 내가 읽은 두 번째 과학책이다.

83. Ibid.

84. A. J. Ihde, *The Development of Modern Chemistry* (New York: Dover Books, 2012)

85. 출처는 이 책이다. 지금 여러분이 읽고 있는 이 책에 그렇게 쓰여 있다.

86. R. L. Sime, 'The discovery of protactinium', *Journal of Chemical Education*, Vol. 63, Issue 8 (1986) p. 653

87. M. J. Monreal, P. L. Diaconescu, 'The riches of uranium', *Nature Chemistry*, Vol. 2, No. 424 (2010)

88. A. Ghiorso, 'Einsteinium and Fermium', *Chemical Engineering News*, Vol. 81, No. 36 (2003) pp. 174–5